高职高专"十二五"规划教材
基于工学结合的高职高专计算机系列教材

C 语言程序设计案例教程

主　编　张传学
副主编　方　鹏

华中科技大学出版社
中国·武汉

内 容 简 介

本书以大量的实例帮助读者掌握程序设计的思想,学会程序设计的方法,训练程序设计的能力,达到解决程序设计实际问题的能力。

本书共分13章。前12章介绍了C语言的结构和语法规则、数据类型及其运算,C程序结构、循环语句、数组、函数、指针、结构体、文件等内容。其中穿插了部分应用实例。第13章以"学生成绩管理系统"这一综合实训项目为例,详细讲解软件开发的基本过程和方法。

本书最大的特点是,基础够用,并把基础理论、项目实践和综合应用有机统一,摒弃了"以计算机二级考试为主线"的教材编写方式,采用任务驱动的新模式,突出实用技能和动手训练,内容更加新颖、实用。

本书是一本技能型、应用型、工程型的教材,可作为高职高专层次各类学校的程序设计课程教材,也可作为计算机岗位培训的教学用书。

图书在版编目(CIP)数据

C语言程序设计案例教程/张传学 主编.—武汉:华中科技大学出版社,2011.2
ISBN 978-7-5609-6841-4

Ⅰ.C… Ⅱ.张… Ⅲ.C语言–程序设计–高等学校:技术学校–教材 Ⅳ.TP312

中国版本图书馆CIP数据核字(2010)第250794号

C语言程序设计案例教程　　　　　　　　　　　　　　张传学　主编

策划编辑:黄金文
责任编辑:黄金文
封面设计:范翠璇
责任校对:张　琳
责任监印:熊庆玉
出版发行:华中科技大学出版社(中国·武汉)
　　　　　武昌喻家山　邮编:430074　　电话:(027)81321913
录　排:武汉众欣图文照排
印　刷:武汉中科兴业印务有限公司
开　本:787mm×1092mm　1/16
印　张:15.5
字　数:365千字
版　次:2019年9月第1版第4次印刷
定　价:38.00元

基于工学结合的高职高专计算机系列教材

编 委 会

主　　任：陈　晴

副 主 任：张传学　林文学　王　彦　郝　梅

编　　委：(以姓氏笔画为序)

　　　　　万世明　万学斌　方　鹏　王玉华　王　健　尹汪宏

　　　　　龙　翔　孙　毅　孙晓云　张　辉　张文华　张春霞

　　　　　张理武　明平象　明志新　周从军　钟　立　涂玉芬

　　　　　唐新国　龚雄涛　谭　阳　蔡　明　戴　歆　戴远泉

执行主任：黄金文

执行编委：(以姓氏笔画为序)

　　　　　朱建丽　余　涛

前　　言

C 语言是目前国际上最流行和使用最广泛的计算机高级编程语言之一,因其简洁、表达能力强、功能丰富、可移植性好和目标程序质量高,受到编程人员的普遍青睐。现在我国绝大部分高职院校都把 C 语言作为计算机类及其相关专业的一门程序设计基础语言。

目前,高职教育的《C 语言程序设计》教材版本繁多,但普遍存在的问题是针对性不强、技能训练的实践性不够,过于重视语法、技巧及考证。高等职业教育是针对一线岗位培养应用型人才的,高职教育是否办出成效、办出特色,其评判标准之一就是学生能否利用所学知识解决实际工作的问题。为了更好地适应高等职业教育的人才培养目标,本书采用了教材建设的一种新模式:以应用为宗旨、以能力培养为核心,结合本岗位的项目(任务)驱动来掌握课程知识点,随后再做课程项目设计练习,通过实践提高程序设计的能力。

本书融合了作者多年的教学实践和项目开发经验,具有以下特点。

(1) 基础知识以够用为度。以高职的基本要求和培养规格为编写依据,内容全面、结构合理、文字简练。

(2) 采用以任务驱动的方式,引导学生完成每个项目,在此过程中掌握知识点,学会相应的技能。

(3) 配有任务,便于在教学过程中边讲边练、讲练结合,提高学生的动手能力。

(4) 教学环节实现"六个合一",即:"教室、工作室合一;学生、职员合一;教师、项目经理合一;课内、课外合一;产品、作品合一;育人、创收合一"。

(5) 引导学生从具体问题出发,将主要精力集中在所要解决的实际问题上,对繁杂的语法和格式则适可而止。

(6) 在编写方法上打破以往教材过于注重"系统性"的倾向,摒弃了"以计算机二级考试为主线"的教材编写方式,采用任务驱动的新模式,突出实用技能和动手训练,内容更加新颖、实用。

(7) 强调理论与实际的结合,精选项目,并将知识点融于项目中,可读性、可操作性和实用性强。注重项目的实用性、普遍性,全书紧密围绕"学生信息管理系统"案例,从简单到复杂,一步一步引导学生完成,同时达到举一反三的效果,让教材的内容贴近现实。

(8) 注重现实社会发展和就业的需求,以培养岗位群的综合能力为目标,充实训练模块的内容,强化应用,有针对性地培养学生的职业技能。

本书以 Visual C++6.0 为操作环境,通过大量实例讲解了 C 语言程序设计的基本思想、方法和解决实际问题的技能。全书共分为 13 章。前 12 章介绍了 C 语言的结构和语法规则、数据类型及运算,C 程序结构、数组、函数、指针、结构体、文件、链表等内容。第 13 章以"学生信息管理系统"这一综合实训项目为例,遵循软件开发的一般思路,综合应用本书所介绍的知识,详细讲解软件开发的基本过程和方法。同时还提供了 3 个课程设计。

本书由张传学任主编,参加编写的有张传学、方鹏等。

因时间仓促,编者水平有限,书中难免有错误和不妥之处,敬请读者批评指正。

作　者

2009 年 8 月 28 日

前　言

目 录

第1章 认识C语言

计算机语言是用于人和计算机之间通信的语言,是人和计算机之间传递信息的媒介。C语言是目前国际上使用广泛的高级编程语言之一。本章主要介绍C语言程序的结构、书写规则和开发过程。

知识点

- C语言的结构和语法规则
- C语言上机指导
- C语言函数的基本概念

1.1 C语言的发展及其主要特点

【任务1.1】利用百度,在网上查找:C,C++,C♯的区别。

【任务1.2】利用百度,在网上查找C语言的发展历史。

【任务1.3】利用百度,在网上查找C语言的主要特点。

1.2 简单的C语言程序介绍

从下面例子中可了解一个C源程序的基本组成部分和书写格式。

【例1.1】编写一个加法器,能够实现求任意两个整数的和,并输出结果。

【源程序】

```
#include<stdio.h>/* 扩展名为.h的文件称为头文件 */
void main()/* 主函数 */
{
    int a,b;/* 定义变量 */
    printf("please input number1 and number2:\n");/* 显示提示信息 */
    scanf("%d%d",&a,&b);/* 从键盘输入两个整数 a、b */
    printf("number1 add number2 is %d\n",a+b);/* 显示程序运算结果 */
}
```

程序的功能是从键盘输入两个整数a、b,求这两个整数的和,然后输出结果。

程序运行结果如下:

please input number1 and number2: 8   9

number1 add number2 is 17

【例1.2】设计一个程序,显示图1.1所示的图形。

图 1.1

【源程序】

```
#include<stdio.h>
void main()
{
printf("********************************\n");
printf("C 语言,我学习,我努力,我进步\n");
printf("********************************\n");
}
```

【例 1.3】求 x 的正弦值。

【源程序】

```
#include<math.h>                          /*include 称为文件包含命令 */
#include<stdio.h>                         /*扩展名为.h 的文件称为头文件 */
main()                                     /*主函数 */
{
    double x,s;                            /*声明部分,定义变量 */
     printf("input number:\n");           /*显示提示信息 */
    scanf("%f",&x);                        /*从键盘获得一个实数 x*/
    s=sin(x);                              /*求 x 的正弦值,并把它赋给变量 s */
     printf("sine of %f is %f\n",x,s);     /*显示程序运算结果 */
}
```

程序的功能是从键盘输入一个数 x,求 x 的正弦值,然后输出结果。

【总结】

(1) C 语言程序(简称 C 程序)是由函数构成的。一个 C 源程序至少包含一个 main 函数,也可以包含一个 main 函数和若干个其他函数。因此,函数是 C 程序的基本单位。被调用的函数可以是系统提供的库函数(例如 printf 和 scanf 函数),也可以是用户根据需要自定义的函数。

C 语言中的函数相当于其他语言中的子程序,可用函数来实现特定的功能。程序中的全部工作都是由各个函数分别完成的。编写 C 程序就是编写一个个函数。C 语言的函数库十分丰富,ANSI C 建议的标准库函数中包括 100 多个函数,Turbo C 和 MS C 4.0 提供 300 多个库函数,C 语言的这种特点使实现程序的模块化变得容易。

(2) 一个 C 程序总是从 main 函数开始执行的,而不论 main 函数在整个程序中的位置如何(main 函数可以放在程序最前头,也可以放在程序的最后;或者在一些函数之前,在另一些函数之后),main 函数是程序的入口。

(3) 在例 1.3 中 main()之前的两行称为预处理命令,预处理命令还有其他几种,这里的 include 称为文件包含命令,其意义是把尖括号< >或引号" "内指定的文件包含到本程序中来,成为本程序的一部分。被包含的文件通常是由系统提供的,其扩展名为. h,因此也称为头文件或首部文件,C 语言的头文件中包括了各个标准库函数的函数原型。

凡是在程序中调用一个库函数时,都必须包含该函数原型所在的头文件。在例 1.3 中,使用了 3 个库函数:输入函数 scanf,正弦函数 sin,输出函数 printf。sin 是数学函数,其头文件为 math.h 文件,因此在程序的主函数前用 include 命令包含了 math.h。scanf 和 printf 是标准输入/输出函数,其头文件为 stdio.h,故在主函数前也用 include 命令包含了 stdio.h 文件。

(4) C 程序书写格式自由,一行内可以写几个语句,一个语句可以分写在多行上,C 程序没有行号。

(5) 每个语句和数据定义的最后必须有一个分号,分号是 C 语句的必要组成部分。例如:

s=sin(x);

这里的分号不可少,但预处理命令语句结束处没有分号(;)。

(6) C 语言本身没有输入/输出语句。输入和输出的操作是由库函数 scanf 和 printf 等来完成的,C 语言对输入/输出实行"函数化"。

(7) 可以用/ *……* /对 C 程序中的任何部分作注释。一个好的、有使用价值的源程序都应当加上必要的注释,以增加程序的可读性。

【思考】

(1) 如果没有 main,编译程序后出现的错误提示是什么?

(2) 如把 main 写成 Main,编译程序后出现的错误提示是什么?

(3) 在某一语句后少了分号,编译程序后出现的错误提示是什么?

(4) 如果没有写上预处理命令♯include<stdio.h>,编译程序后出现的错误提示是什么?

(5) 在例 1.3 中,如果没有写上预处理命令♯include<math.h>,编译程序后出现的错误提示是什么? 在预处理命令♯include<math.h>之后加上分号,编译程序后出现的错误提示是什么?

(6) 在例 1.2 中,如语句 printf("*********************************** \n");中少了双引号,编译程序后出现的错误提示是什么?

(7) 在例 1.2 中,如语句 printf("*********************************** \n");中少了"\n",编译程序后会如何? 在 C 语言中"\n"的作用是什么?

1.3　C 程序的开发环境

C 语言的标准已被大多数 C 和 C++的开发环境所兼容,因此可以使用很多开发工具开发自己的 C 语言。本书选用 Visual C++6.0。

【上机操作步骤】

【步骤 1】单击菜单"开始\程序\Microsoft Visual studio 6.0\ Microsoft Visual C++6.0",出现如图 1.2 所示的对话框。

【步骤 2】单击菜单"文件\新建",出现如图 1.3 所示的对话框。单击其中的标签"文件",出现如图 1.4 所示的对话框,单击其中的"C++ Source File",输入文件名"f",单击"确定"按钮。

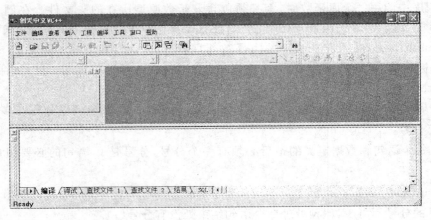

图 1.2

图 1.3

图 1.4

【步骤 3】如图 1.5 所示，在编辑区内输入 C 程序。完成 C 程序输入后，单击"保存"按钮，保存文件。

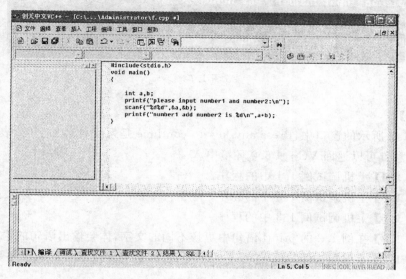

图 1.5

【注意】

如果在文件名中不输入扩展名 .c，则 VC++6.0 将为文件附上默认扩展名 .cpp，并按照 VC++6.0 语言的语法进行检查。由于 VC++6.0 的语法检查要比 C 语言的语法更为严格，因此建议读者还是输入文件的扩展名 .c。

【步骤 4】在 Visual C++6.0 环境下单击工具图标 （或者使用快捷键 Ctrl+F7），编译源程序 f.ccp，产生目标文件 f.obj，在图 1.6 所示的对话框中，单击"是"按钮。

图 1.6

【说明】

编译可以检查程序中是否存在语法错误并生成目标文件（.obj）。如果程序中存在语法错误，则可以通过双击错误提示在程序文件中定位错误所在的代码行。语法错误分为 error 和 warning 两类。error 是一类致命错误，程序中如果有此类错误则无法生成目标文件，更不能执行。warning 则是相对轻微的一类错误，不会影响目标文件及可执行文件的生成，但有可能影响程序的运行结果。因此，建议最好把所有的错误（无论是 error 还是 warning）都一一修正。

【步骤 5】单击工具图标 （或者使用快捷键 F7），产生可执行文件 f.exe。

【步骤 6】单击工具执行图标 ！（或者使用快捷键 Ctrl+F5），执行程序 f.exe，程序运行，如图 1.7 所示。

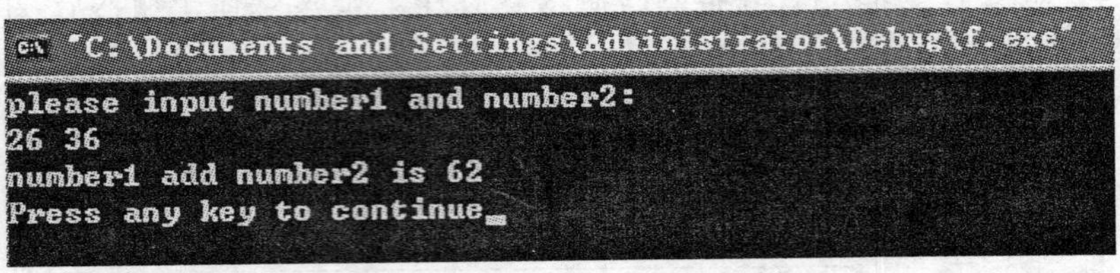

图 1.7

【说明】

在图 1.7 所示的窗口中,Press any key to continue 是系统自动加上的,表示程序运行后,按任意键可以返回 VC++6.0 环境中。

【任务 1.4】 上机调试例 1.1 中的程序。

【任务 1.5】 上机调试例 1.2 中的程序。

【任务 1.6】 上机调试例 1.3 中的程序。

【任务 1.7】 在例 1.2 的 printf 语句中更换不同的文字,体会输出语句的输出功能。

【任务 1.8】 参照加法器的例子,编写一个乘法器,能够实现求任意两个整数的积,并输出结果。

【任务 1.9】 编写程序输出下列图案。

```
         *
     *   S   *
         *
```

【任务 1.10】 编写程序输出圣诞树。

【思考】

(1) 在例 1.1 中,如果没有 int a,b;编译后出现的错误提示是什么? 在 C 程序设计中要注意什么问题?

(2) 在例 1.1 中,如果语句 scanf("%d%d",&a,&b);写成 scanf("%d%d",a,b);用来读入两个整数给变量 a、b,程序运行结果会如何?

(3) 在例 1.1 中,如果语句 scanf("%d%d",&a,&b);写成 scanf("%d,%d",a,b);用来读入两个整数给变量 a、b,程序运行结果会如何?

(4) 在例 1.1 中,输入源程序后,有的单词为什么会变颜色,在 C 程序设计中有什么特殊的意义?

1.4 C 程序的开发过程

用高级语言编写的程序称为"源程序"(source program)。从根本上说,计算机只能识别和执行由 0 和 1 组成的二进制的指令,而不能识别和执行用高级语言写的指令。为了使计算机能执行高级语言源程序,必须先用一种称为"编译程序"的软件,把源程序翻译成二进制形式的"目标程序",然后将该目标程序与系统的函数库和其他目标程序连接起来,形成可执行的目标程序。具体过程如图 1.8 所示。

(1) 编辑源程序:使用编辑软件(编辑器),如 EditPlus、UltraEdit 等编写的 C 程序称

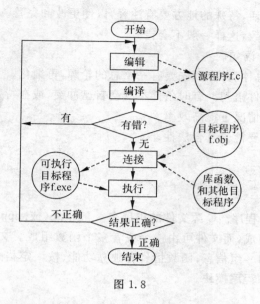

图 1.8

为 C 源程序。C 源程序也可以直接在 VC++6.0 中编写。C 源程序文件的扩展名为.c。在 VC++环境下,文件的扩展名为.cpp。

(2) 编译程序:C 源程序由编译器转换成二进制目标代码,在编译过程中,以源程序为单位进行编译,对每一个语句进行语法检查。源程序在编译后形成目标文件并保存在.obj 文件中。

(3) 连接程序:目标文件不能直接执行,需要把目标文件、函数库和其他目标函数进行连接,生成扩展名为.exe 的可执行文件。

(4) 执行程序:可执行文件可以在操作系统下运行。

1.5　书写程序时应遵循的规则

从书写清晰,便于阅读、理解、维护的角度出发,在书写程序时应遵循以下规则。

(1) 一个说明或一个语句占一行。

(2) 用{ }括起来的部分,通常表示了程序的某一层次结构。{ }一般与该结构语句的第一个字母对齐,并单独占一行。

(3) 低一层次的语句或说明可比高一层次的语句或说明缩进若干格后书写,以便看起来更加清晰,增加程序的可读性。

(4) 在编程时应力求遵循这些规则,以养成良好的编程风格。

1.6　C 程序的编写风格要求

初学编程,风格很重要。要编写良好风格的程序一般应注意以下几点。

(1) 易读第一,效率第二。因为一个程序,人看的次数要比机器“看”的次数多,所以让人能看懂才是最重要的。

(2) 要将复杂问题模块化,模块化功能尽可能单一。

（3）一行只写一句话，特殊的地方要有注释，以便更改和完善。

（4）尽量使用库函数，这样一般不会错。

（5）限制使用 goto 语句。

（6）自上向下，先总体后局部，先要有一个总的轮廓，再细化。

（7）避免复杂的条件语句。有时条件本身会自己冲突，或在特殊情况下冲突。

（8）在程序正确的情况下提高效率。

（9）对输入的数据要检验其合法性。

1.7　C 函数

C 程序是结构化的程序。C 源文件的扩展名一般是 .c（或 .cpp），一个 C 源程序可以由一个或者多个文件组成，而文件可由一个或者多个函数组成。文件是指存放在存储器上以文件名进行管理的一组信息；函数指具有独立功能、按一定格式构成的代码段，可以理解为具有一定功能的程序模块。

函数的原型如下：

函数的返回值　　函数名（形式参数表）；

函数的调用形式如下：

函数名（参数）；

C 程序中必须有一个函数名为 main 的函数，且只能有一个 main 函数。程序运行时从 main 函数开始，最后回到 main 函数。

【例 1.4】在 Visual C++环境下新建两个文件，其文件名分别是 a.c 和 b.c，其中 a.c 文件定义一个做乘法的函数 f，以及定义另一个主调函数 main，在主调函数中调用函数 f 以及调用存放在 b.c 文件中的的函数 disp，在 main 函数中输出 f 的返回值，如图 1.9 所示。

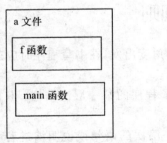

图 1.9

【步骤 1】在 Visual C++环境下新建文件，打开 Visual C++集成环境。

【步骤 2】单击菜单"文件\新建"，新建一个工程，如图 1.10 所示，选择"Win32 Console Application"，在工程中输入"Myproject"。

【步骤 3】单击"确定"按钮，出现如图 1.11 所示窗口。

【步骤 4】单击"完成"按钮，出现如图 1.12 所示的窗口，窗口显示工程文件的路径。单击"确定"按钮，则进入工程编辑窗口，如图 1.13 所示。工程下只有三个空白的文件夹（注意选择 File View）。

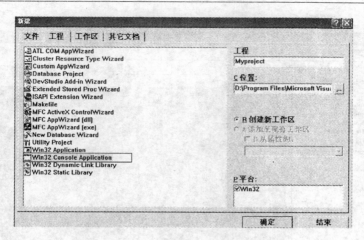

图 1.10

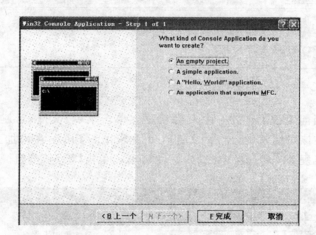

图 1.11

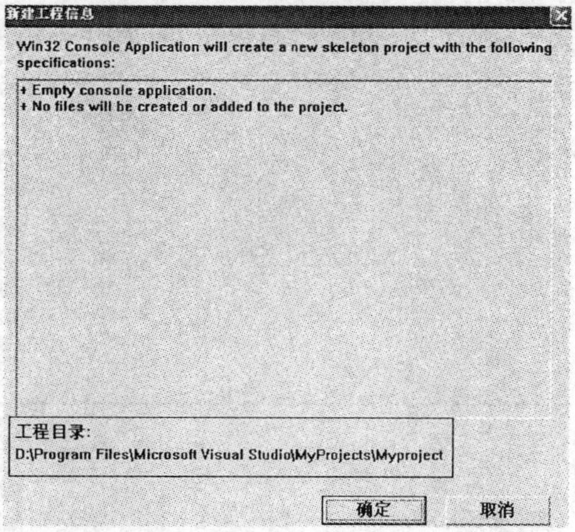

图 1.12

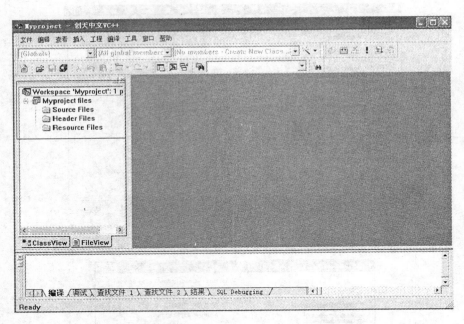

图 1.13

【步骤 5】 在当前工程下创建一个 C 源程序。单击菜单"文件\新建",出现如图 1.14 所示的对话框。在该对话框中,单击"文件\C++Sourse File",在添加工程前打钩,选择添加到刚新建的工程 Myproject 中;输入文件名 a.c,单击"确定"按钮。

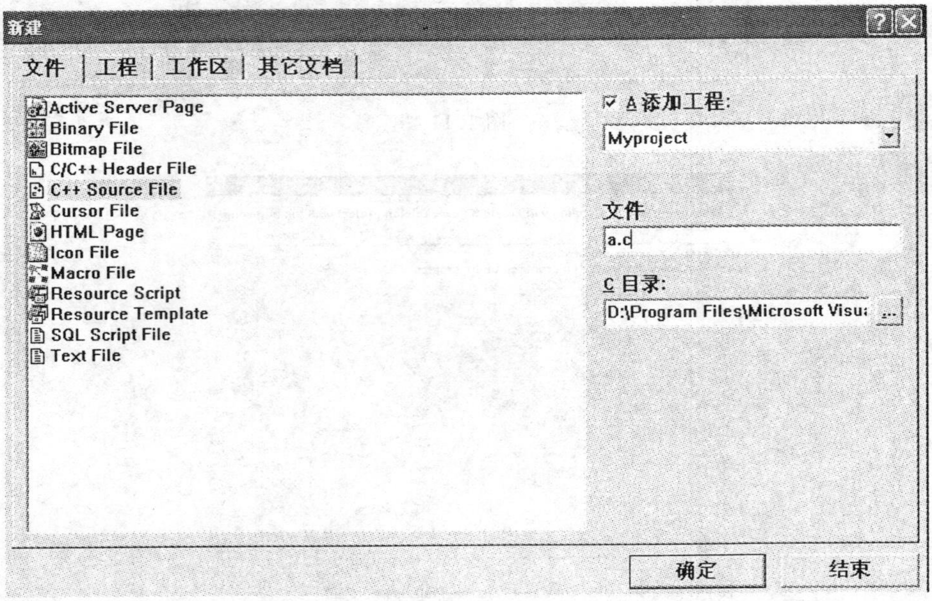

图 1.14

【步骤 6】 单击"确定"按钮后,可以进入 a.c 的编辑界面,如图 1.15 所示。在其标题栏和工程窗口中都显示了当前要编辑的文件名 a.c。

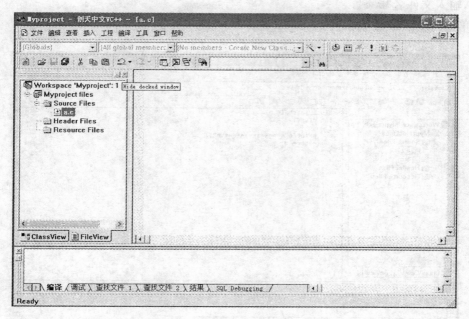

图 1.15

此时,程序编辑窗口已被激活,可以在其中输入和编辑源程序了,如图 1.16 所示。

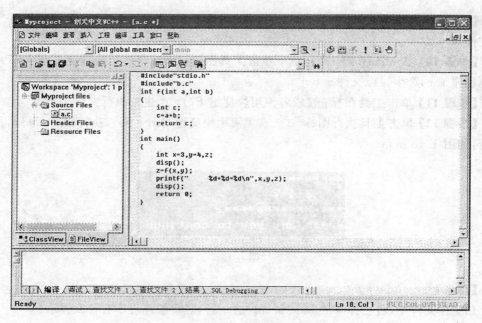

图 1.16

进入编辑状态后,如果对源程序进行了修改且未保存在标题栏中,则文件名的后面会出现"*"提示,保存文件后,标题栏的"*"消失。

【步骤 7】单击"保存"按钮,保存文件。

【步骤 8】单击菜单"文件\新建",在出现的对话框中,单击"文件\C++Sourse

File",输入文件名"b. c"。

单击"保存"按钮,保存文件,如图 1.17 所示。

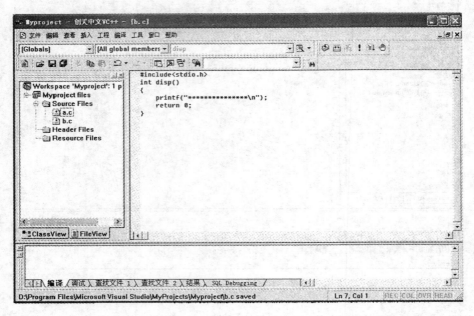

图 1.17

【步骤 9】关闭 Visual C++,再次重新启动 Visual C++,单击菜单"文件\打开",选择文件"a. c"。

【步骤 10】在 Visual C++环境下单击工具图标(或者使用快捷键 Ctrl+F7),编译源程序 a. c,产生目标文件 a. obj。

【步骤 11】单击工具图标(或者使用快捷键 F7),产生可执行文件 a. exe。

【步骤 12】单击工具执行图标 ！(或者使用快捷键 Ctrl+F5),执行程序 a. exe,程序运行,如图 1.18 所示。

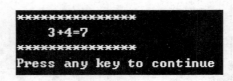

图 1.18

【思考】

(1) 在文件中,若去掉♯include"b. cpp"这一行,观察编译程序有什么提示。

(2) 文件 a. c 由几个函数组成?

(3) 调用了哪几个系统函数?

(4) 在 b. c 中去掉♯include<stdio. h>这一行,观察编译程序有什么提示。

(5) 不关闭 Visual C++,在图 1.17 所示窗口中直接选择 a. c 文件,再编译、连接、运行程序 a. c,会出现的提示是什么?

【任务 1.11】运行 a.c 后,在工程目录 d:\Program Files\Microsoft Visual Studio\ MyProjects\Project 下观察文件及其类型。

【任务 1.12】设计一个屏幕显示菜单样式。

```
###########   Main  Menu  ##############
#############################################
    1.View the Records in the data file          /* 查看记录 */
    2.Add New Record                             /* 增加记录 */
    3.Delete an old Record                        /* 删除记录 */
    4.Find a Record from the ID                   /* 按 ID 号查找 */
    5.Find a Record from the Name                 /* 按姓名查找 */
    6.Quit                                        /* 退出 */
    7.Make a Statistics                           /* 统计 */

#############################################
Input the index of your choice :
```

【任务 1.13】设计"学生信息管理系统"软件"选择菜单"。

欢迎使用学生信息管理系统

```
=======================================
| ===================================== |
| |   1:input   record                 | |
| |   2:delete   record                | |
| |   3:search   record                | |
| |   4:modify   record                | |
| |   5:insert   record                | |
| |   6:count   record                 | |
| |   7:sort   reord                   | |
| |   8:save   record                  | |
| |   9:display   record               | |
| |   0:quit   system                  | |
| ===================================== |
=======================================
```

【任务 1.14】编写一个程序,用星号" * "输出字母 B 的图案,如图 1.19 所示。

【任务 1.15】填空。

C 程序从(　　　)函数开始执行。

C 程序的注释写在(　　　)内。

C 程序中的每条语句用(　　　)符号结束。

C 源程序的扩展名为(　　　)、目标文件的扩展名为(　　　)、可运行文件的扩展名为(　　　)。

```
*****
*   *
*   *
*****
*   *
*   *
*****
```

图 1.19

第 2 章　C 语言程序设计基础

数据是程序处理的对象,也是程序必要的组成部分。C 语言提供了丰富的数据类型,以便对现实世界中不同特性的数据加以描述。要了解数据,一是要确定它属于哪种数据类型,二是要确定它是作为常量还是变量使用。在 C 语言中,不同的数据类型的变量必须遵守"先定义,后使用"的原则。

知识点

- 标识符
- 常量
- 变量

2.1　C 语言的字符集

字符是组成语言的最基本的元素,C 语言字符集由字母、数字、空格、标点和特殊字符组成。在字符常量、字符串常量和注释中还可以使用汉字或其他图形符号。

1. 字母

小写字母 a～z 共 26 个。

大写字母 A～Z 共 26 个。

2. 数字

0～9 共 10 个。

3. 空白符、下画线

空格符、制表符、换行符等统称为空白符。空白符只在字符常量和字符串常量中起作用。在其他地方出现时,只起间隔作用,编译程序对它们忽略不计。因此,在程序中使用空白符与否,对程序的编译不发生影响,但在程序中适当的地方使用空白符将增加程序的清晰性和可读性。

4. 标点和运算字符

C 语言标点和运算字符如表 2.1 所示。

表 2.1　C 语言标点和运算字符

字　符	名　称	字　符	名　称	字　符	名　称	字　符	名　称
,	逗号	(	左圆括号	>	右尖括号	%	百分号
.	圆点	)	右圆括号	!	感叹号	&	And(与)
;	分号	[	左方括号	|	竖线	*	乘号
?	问号	]	右方括号	/	斜杠	^	xor(异或)
'	单引号	{	左大括号	\	反斜杠	—	减号
"	双引号	}	右大括号	~	波折号	=	等号
:	冒号	<	左尖括号	#	井号	+	加号

2.2　C 语言的词汇

在 C 语言中使用的词汇分为六类:标识符,关键字,运算符,分隔符,常量,注释符等。

1. 标识符

在程序中用来标记变量名、函数名、文件名、标号的字符序列称为标识符。除库函数的函数名由系统定义外,其余都由用户自定义。C 规定,标识符只能是字母(A～Z,a～z)、数字(0～9)、下画线(_)组成的字符串,并且其第一个字符必须是字母或下画线。

以下标识符是合法的:

a　　x　　x3　　BOOK_1　　sum5

以下标识符是非法的:

3s　　　　以数字开头;

s * T　　　出现非法字符 * ;

—3x　　　以减号开头;

bowy—1　　出现非法字符—(减号)。

【任务 2.1】下列标识符中哪些是合法的? 哪些是非法的?

x　y3　7x　_imax　int　ELSE　♯No　X　A_to_B　bad one　re_input

在使用标识符时还必须注意以下几点。

(1) 标准 C 不限制标识符的长度,但它受各种版本的 C 语言编译系统的限制,同时也受到具体机器的限制。

(2) 在标识符中,大小写是有区别的。例如,BOOK 和 book 是两个不同的标识符。

(3) 标识符虽然可由程序员任意定义,但标识符是用于标识某个量的符号。因此,命名应尽量有相应的意义,以便于阅读理解,做到"顾名思义"。

2. 关键字

关键字是由 C 语言规定的具有特定意义的字符串,通常也称为保留字。用户定义的标识符不应与关键字相同。

【注意】

(1) 所有的关键字都有固定的意义,不能用做其他。

(2) 所有的关键字都必须小写,只能用于规定的场合,不能用于给变量取名或者用户自定义标识符。

(3) 关键字集见附录 2。

【思考】

(1) int 和 Int 含义是否相同,为什么?

(2) 是否可以用 int do=5;定义一个整型变量,为什么?

3. 运算符

C 语言中含有相当丰富的运算符。运算符、变量与函数一起组成表达式,表示各种运算功能。

4. 分隔符

在 C 语言中采用的分隔符有逗号和空格两种。逗号主要用在类型说明和函数参数表中分隔各个变量。空格多用于语句中的各单词之间,作间隔符。在关键字与标识符之

间必须要有一个以上的空格符作间隔,否则将会出现语法错误,例如把 int a;写成 inta;

5. 常量

C 语言中使用的常量可分为数字常量、字符常量、字符串常量、符号常量、转义字符等多种。在后面章节中将专门给予介绍。

6. 注释符

C 语言的注释符是以"/ ＊"开头并以"＊ /"结尾的串。在"/ ＊"和"＊ /"之间的即为注释。程序编译时,不对注释作任何处理。注释可出现在程序中的任何位置,注释用来向用户提示或解释程序的意义。在调试程序中对暂不使用的语句也可用注释符括起来,使翻译跳过不作处理,待调试结束后再去掉注释符。在 Visual C++ 中也可以用"//"作为注释符。

2.3 C语言的数据类型

数据是操作的对象,数据类型是指数据的内在表现形式(代码、存储、运算)。对变量的定义可以包括三个方面:

- 数据类型;
- 存储类型;
- 作用域。

在 C 语言中,数据类型可分为:基本数据类型、构造数据类型、指针类型、空类型四大类,如图 2.1 所示。

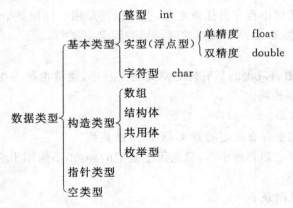

图 2.1

(1) 基本数据类型:最主要的特点是,其值不可以再分解为其他类型。也就是说,基本数据类型是自我说明的。

(2) 构造数据类型:根据已定义的一个或多个数据类型,用构造的方法来定义。

(3) 指针类型:一种特殊的同时又具有重要作用的数据类型。其值用来表示某个变量在内存储器中的地址。

(4) 空类型:说明符为 void。

2.4　常量

对于基本数据类型量,按其取值是否可改变又分为常量和变量两种。在程序执行过程中,其值不发生改变的量称为常量,其值可变的量称为变量。在程序中,常量是可以不经说明而直接引用的,而变量则必须先定义后使用。

1. 直接常量(字面常量)

根据书写形式来区分,直接常量分为以下三种类型。

整型常量:12,0,-3。

实型常量:4.6,-1.23。

字符常量:'a','b'。

2. 符号常量

符号常量是用标识符代表一个常量。符号常量在使用之前必须先定义,其一般形式为:

♯define 标识符 常量

其中,♯define 也是一条预处理命令(预处理命令都以"♯"开头),称为宏定义命令,其功能是把该标识符定义为其后的常量值。一经定义,以后在程序中所有出现该标识符的地方均代之以该常量值。一般放在程序的前面,并要加"♯"号。

【说明】

习惯上符号常量的标识符用大写字母,变量标识符用小写字母,以示区别。

【例 2.1】设计一个求圆柱体体积和表面积的程序。

【源程序】

```c
#include<stdio.h>
#include<math.h>
#define PI 3.1415926
void main()
{
    float r,h,v,s;
    scanf("%f %f",&r,&h);
    v=PI*r*r*h;/* 求圆柱体的体积 */
    printf("Volume=%f\n",v);
    s=2*PI*r*h+2*PI*pow(r,2);/* 求圆柱体的表面积 */
    printf("area=%f\n",s);
}
```

程序中用 ♯define 命令行定义了 PI 代表常量 3.1415926,此后凡是在本程序中出现的 PI 都代表 3.1415926,可以和常量一起运算;也可以对程序中 PI 的精度进行修改,程序运行结果如下:

输入 3.2　　5.6

Volume=180.151488

area=176.934497

【任务 2.2】有下列程序段,请组成一个完整的程序,在 Visual C++环境下进行调试,并观察有什么错误的提示？请思考:该错误是由什么原因引起的?

```
const int x=0;
int y=6;
x=y *y;
```

【说明】

（1）符号常量与变量不同,它的值在其作用域内不能改变,也不能再被赋值。

（2）使用符号常量的好处是:含义清楚,能做到"一改全改"。

（3）用简单的符号常量代替较长的常量,可以防止书写错误。

2.5 整型常量

整型常量就是整常数,计算机中的整数是以补码的形式存放的。在 C 语言中使用的整常数有八进制、十六进制和十进制三种。

1. 十进制整常数

十进制常数由一串连续的数字表示,其数码为 0～9。十进制整常数没有前缀。

以下各数是合法的十进制整常数:

237,−568,65535,1627。

以下各数不是合法的十进制整常数:

023（不能有前导 0）;

23D（含有非十进制数码）。

2. 八进制整常数

八进制整常数必须以 0(数字 0)开头,即以 0 作为八进制数的前缀,数码取值为 0～7,八进制数通常是无符号数。

以下各数是合法的八进制数:

015(十进制数为 13),

0101(十进制数为 65),

0177777(十进制数为 65535);

以下各数不是合法的八进制数:

256(无前缀 0);

03A2(包含了非八进制数码)。

3. 十六进制整常数

十六进制整常数的前缀为 0X 或 0x。其数码取值为 0～9,A～F 或 a～f。

以下各数是合法的十六进制整常数:

0X2A(十进制数为 42);

0XA0 (十进制数为 160);

0XFFFF (十进制数为 65535)。

以下各数不是合法的十六进制整常数:

5A (无前缀 0X);

0X3H (含有非十六进制数码)。

程序是根据前缀来区分各种进制数的,因此在书写常数时不要把前缀弄错,否则会造成结果不正确。

【说明】

0 是一个特殊的数,不分进制。

【注意】

x,a～f 可大写,也可以小写,但在前缀中数字 0 不能写成字母 O。

2.6　实型常量

在数学上,表示小数有两种方法:一种是小数表示法,另一种是科学计数法。例如,127.3 和 l.273×10² 。

实型常量的表示形式

实型也称为浮点型,实型常量也称为实数或者浮点数,在 C 语言中,实数只采用十进制,它有两种形式:十进制小数形式,指数形式。

(1) 十进制小数形式:由数码 0～ 9 和小数点组成,不带指数部分。

例如:0.0、25.0、5.789、0.13、5.0、300.、－267.8230、0.、.0 等均为合法的实数。

【注意】

必须有小数点。

(2) 指数形式:由整数部分、小数部分和指数部分构成。其中,前两部分用小数点连接,后两部分用 e(或 E)连接。E 或 e 用来代表 10 的幂次,其一般形式为:

　　　　a E n(a 为十进制数,n 为十进制整数)

其值为 $a×10^n$ 。

【注意】

e(E)前后必须有数字,之后的指数必须为整数,不能插入空格!

例如:

　　　　2.1E5 (等于 $2.1×10^5$);

　　　　－2.8E－2 (等于 $-2.8×10^{-2}$)。

以下不是合法的实数:

　　　　345 (无小数点);

　　　　E7 (阶码标志 E 之前无数字);

　　　　－5E3.7 (阶码为小数);

　　　　53.－E3 (负号位置不对);

　　　　2.7E (无阶码)。

标准 C 允许浮点数使用后缀。缺省为双精度型,后缀为"f"或"F"即表示该数为单精度的浮点数。

【注意】

浮点常量在存储时按 double 类型存储,占 64 位(bit)。浮点常量超过机器所能表示的范围,则会发生溢出。在 C 语言中的浮点溢出不会使程序出错,而是得到一个非正确的值。

【例 2.2 】 研究浮点数的输出。

【源程序】

```c
#include<stdio.h>
```

```
void main()
{
    printf("%f\n",3.56);
    printf("%f\n",5);
    printf("%f\n",5+3.5);
    printf("%f\n",356.0f);
}
```

程序运行结果如图 2.2 所示。

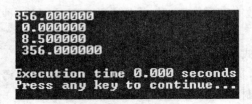

图 2.2

【思考】

为什么 printf("%f\n",5);的输出结果为 0.000000 而不是 5.000000。

(3) 实型常量在内存中的存放形式。

虽然实型常量的表示形式有两种,但在内存中均是以指数形式存放的。

2.7 字符常量

字符常量是用单引号括起来的一个字符。

例如:'a'、'b'、'='、'+'、'?'都是合法字符常量。

在 C 语言中,字符常量有以下特点。

(1) 字符常量只能用单引号括起来,不能用双引号或其他括号。

(2) 字符常量只能是单个字符,不能是字符串。

(3) 字符可以是字符集中任意字符。一个数字一旦被定义为字符常量之后就不能以数值参与运算,如'5'和 5 是不同的。'5'是字符常量,不能以数值参与运算,若要参加算术运算,则只能以其 ASCII 码参加。

5+5=10

'5'+5=53+5=58

【任务 2.3】在 C 语言中,合法的字符常量是(　　)。

A. '\084'　　　　　　B. '\x48'　　　　　　C. "ab"　　　　　　D. "\0"

说明:A 表示的八进制数不可能出现 8。

2.8 字符串常量

字符串常量是用一双引号括起来的零个或多个字符序列。例如:"CHINA",
"$12.5","C program"等都是合法的字符串常量。

字符串常量和字符常量是不同的量,它们之间主要有以下区别。

(1) 字符常量由单引号括起来,字符串常量由双引号括起来。

(2) 字符常量只能是单个字符,字符串常量则可以含一个或多个字符。

(3) 可以把一个字符常量赋予一个字符变量,但不能把一个字符串常量赋予一个字符变量。在 C 语言中没有相应的字符串变量,但是可以用一个字符数组来存放一个字符串常量,在第 7 章中予以介绍。

(4) 字符常量占一个字节的内存空间。每一个字符串常量结尾都有一个\0(一般由系统自动加上),这是字符串结束的标志,但在测试字符串长度时不计在内,也不输出。

(5) ""只充当字符串的分界符,而不是字符串的一部分。如果在字符串中出现双引号,在输出时则必须经过转义字符才能输出,例如,输出"The"a"is an indef art"字符串的语句为:

```
printf("The\042a\042is an indef art\n");
```

【任务 2.4】在 C 语言中,不合法的字符串常量是(　　)。

A. "\121"　　　　　B. 'y='　　　　　C. "\n\n"　　　　　D. "ABCD\x6d"

2.9　变量

1. 变量的概念

变量在任何编程语言中都居于核心地位,理解它们是编程的关键所在。在程序运行过程中其值可以改变的量称为变量。变量常用来保存程序运行过程中的输入数据,以及计算获得的中间结果和最终结果。一个变量应该有一个名字,在内存中占据一定的存储单元。变量定义必须放在变量使用之前,在该存储单元中存放变量的值。

请注意区分变量名和变量值这两个不同的概念,如图 2.3 所示。变量名实际上是一个符号地址,在对程序编译连接时由系统给每一个变量名分配一个内存地址。在程序中从变量中取值,实际上是通过变量名找到相应的内存地址,从其存储单元中读取数据。

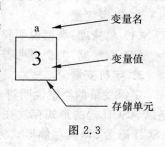

图 2.3

变量的取名规则与用户标识符相同。为了便于阅读和理解程序,给变量取名时,一般采用代表变量含义或者用途的标识符。C 语言规定,变量可以是任何一种数据类型。

2. 变量的定义方法

一般形式为:

```
类型符　标识符
```

例如:

```
int i,j,k;              /* 定义 i,j,k 为整型变量 */
long a,b;               /* 定义 a,b 为长整型变量 */
float x,y,z;            /* 定义 x,y,z 为实型变量 */
char ch1,ch2;           /* 定义 ch1,ch2 为字符型变量 */
```

定义变量的语句必须以";"号结束,在定义变量的一个语句中可以有多个变量,变量之间用逗号隔开。

【注意】

(1) 见名知意,如 age 用来表示年龄,number 用来表示学号。

(2) 先定义,后使用。

(3) 习惯上,符号常量名用大写,变量名用小写,以示区别。

(4) 对变量的定义可以在函数体之外,也可以在函数体中或者复合语句中。

2.10 变量的数据类型

在人类的习惯思维中,2 和 2.0 是一样的,和 2.1 不一样。但在计算机存储中,若把数据定义成整型数据,在将 2、2.0、2.1 存储为整型数据时,则都是 2,没有小数点及小数。若把数据定义成实型数据,则 2、2.0 都是 2.0,有了小数点及小数位。在计算机里,整型数据和实型数据所占据的内存单元是不一样的,对整数的运算也要远远快于对实数的运算。读者在编程时,应明确哪些数据是必须带小数计算的,如工资,而那些可以不计较小数的数值,则被建议设为整型,比如人的年龄。

1. 整型变量

C 语言中整型数据的值域由其在机器中的存储长度决定。

(1) 基本型:类型说明符为 int,在内存中占 2 个字节。其值的范围为:−32768～+32767。

(2) 短整量:类型说明符为 short int 或 short,在内存中占 2 个字节。

(3) 长整型:类型说明符为 long int 或 long,在内存中占 4 个字节。

(4) 无符号型:类型说明符为 unsigned。

依据其在内存中所占的字节,整型变量的取值有一定的范围,超过其范围,则会发生溢出。在 C 语言中,数据溢出不会使程序出错,而是得到一个非正确的值。

2. 实型变量

(1) 单精度:类型说明符为 float,在内存中占 4 个字节。

(2) 双精度:类型说明符为 double,在内存中占 8 个字节。

3. 字符变量

字符变量的类型说明符是 char,在内存中占 1 个字节,且只能存放一个字符。字符是以 ASCII 码的形式存放在变量的内存单元中的,与整数的存储形式相似,如字符'a'的 ASCII 码为 97,其存储形式为 01100001。因此,在 0～127 范围内的字符与整型数可以互相赋值,并且所有字符常量都可以作为整型常量来处理。

【说明】

(1) 整数可以以字符型形式输出,字符型数据也可以以整数形式输出。

(2) 整型变量中只能存放整型数,实型变量中只能存放实型数。

(3) 在计算机内存中可以精确地存放一个整数,但不能精确地存放一个实数。

【任务 2.5】编写一个教师的工资管理系统,其中涉及一个变量,用来存放教师的工龄,该如何定义?

【任务 2.6】定义一个用来存放教师工资的变量,该将其定义为何种类型?

【任务 2.7】定义一个用来存放教师性别的变量,该将其定义为何种类型?

【思考】

(1) 当给字符型变量赋整型数值时,其值应该在 0～127 之间,为什么?

（2）将一个负整数赋给一个无符号的变量，会得到什么样的结果。

（3）将一个大于 32767 的长整数赋给整型变量，会得到什么结果。

（4）程序定义了一个字符常量 ch 并初始化为'b'，通过运算把 ch 的值转化为"B"输出。

【例 2.3】当从键盘输入字符"b"时，输出结果是什么？

【源程序】

```c
#include<stdio.h>
void main()
{
    char c;
    scanf("%c",&c);
    c=c-32;
    printf("%c\n",c);
    printf("%d\n",c);
}
```

c 被指定为字符变量，程序中，在第 5 行从键盘读入 b，并以 ASCII 码形式将其直接存放到 c 的内存单元中。C 语言允许字符数据与整数直接进行算术运算，第 6 行通过运算，将小写字母 b 转换成大写字母 B。第 7 行输出字符 B，"%c"是输出字符时使用的格式符。第 8 行输出字符 B 的 ASCII 码，"%d"是输出整数时使用的格式符。

程序运行结果如图 2.4 所示。

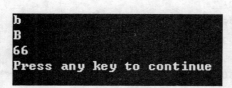

图 2.4

4. 变量赋初值

在给变量定义的同时给变量赋初值的方法，称为变量的初始化。在变量定义中赋初值的一般形式为：

类型说明符 变量 1＝ 值 1，变量 2＝ 值 2，……；

例如：

int i＝1,j,k＝3;

int b,k,c＝5,m＝7;（被定义的变量一部分赋初值）

float x＝3.2,y＝3.0f,z＝0.75,pi＝3.14159;

char ch1＝'K',ch2＝'P',bell＝'7', sex＝'f';

double e＝2.71828182828459

如果对几个变量赋给同一初值，应写成：

int a＝3,b＝3,c＝3;

【说明】

（1）在定义中不允许连续赋值，如 int a＝b＝c＝5 是不合法的。

（2）如果赋值号右边表达式的值与赋值号左边的变量的类型不一致，C 编译程序将按"赋值兼容"的原则，自动转换右边表达式所得值的类型，使之与左边变量的类型一致。

（3）若定义变量而不赋值，则变量是随机取值的。

【例 2.4】 整型变量的定义和使用举例。

【源程序】

```
#include<stdio.h>
void main()
{
    int a=3,b,c=5;
    b=a+c;
    printf("a=%d,b=%d,c=%d\n",a,b,c);
}
```

程序中第 6 行语句中的"a＝、b＝、c＝"及其中的","为非控制符，在输出时原样输出。

程序运行的结果：

a＝3,b＝8,c＝5

【例 2.5】 整型变量的定义和使用举例。

【源程序】

```
#include<stdio.h>
void main()
{
    unsigned age;
    unsigned long number;
    unsigned long telephone;
    age=23;
    number=33991026;
    telephone=1307125;
    printf("age=%u\n",age);
    printf("number=%lu\n",number);
    printf("telephone=%lu\n",telephone);
}
```

程序中第 4 行定义无符号整型 age，第 5 行定义无符号长整型 number，第 6 行定义无符号长整型 telephone，第 7、8、9 行分别对它们赋值，第 10、11、12 行分别对它们输出。"％u"是输出无符号整数时使用的格式符。"％lu"是输出无符号长整数时使用的格式符。

程序运行的结果：

age＝23

number＝33991026

telephone＝1307125

2.11 转义字符

转义字符是一种特殊的字符常量，主要用来表示那些用一般字符不便于表示的控制代码,如表 2.2 所示。转义字符以反斜线"\"开头,后跟一个或几个字符。转义字符具有特定的含义,不同于字符原有的意义,故称"转义"字符。例如,在前面各例题 printf 函数的格式串中用到的"\n"就是一个转义字符,其意义是"回车换行"。

表 2.2　常用的转义字符及其含义

转 义 字 符	转义字符的含义	ASCII 代码
\n	回车换行	10
\t	横向跳到下一制表位置	9
\b	退格	8
\r	回车	13
\f	走纸换页	12
\\	反斜线符"\"	92
\'	单引号符	39
\"	双引号符	34
\a	鸣铃	7
\ddd	1～3 位八进制数所代表的字符	
\xhh	1～2 位十六进制数所代表的字符	

广义地讲,C 语言字符集中的任何一个字符均可用转义字符来表示,表中的\ddd 和 \xhh 正是为此而提出的,ddd 和 hh 分别为八进制和十六进制的 ASCII 代码。如\101 表示字母"A",\102 表示字母"B",\134 表示反斜线。

【例 2.6】C 语言中不合法的字符常量是(　　)。

A. '\0xff'　　　　　　B. '\65'　　　　　　C. '&'　　　　　　D. '\027'

其中,'\65'、'\027'都是以八进制表示的转义字符常量。

【说明】

(1) \0 是字符串的结束标志。"\0mn"的长度应该为 0 而不是 3,机器遇到\0 就结束了!

(2) \f 转义字符:这是一个非显示的字符,只在控制打印机的时候有用。例如将程序的结果输送到打印机,如果输出中遇到\f,就会引起一个换页。

(3) 在转义字符中八进制数最多为 3 位,可以以 0 开头,也可不用 0 开头(1～3 位)。反斜杠的十六进制只可由小写字母 x 开头,不允许用大写字母 X,也不能用 0x 开头。

2.12　数值型数据之间的混合运算

整型、实型(包括单、双精度)、字符型数据间可以混合运算,例如:$10 + 'a' + 12.3 + 3.14 * 'x'$是合法的。运算时,不同类型的数据要先转换成同一类型,然后进行运算。

转换的方法有两种:一种是自动转换,其转换规则如图 2.5 所示;另一种是强制转换。自动转换发生在不同数据类型的数据量间混合运算时,由编译系统自动完成。自动转换遵循以下规则。

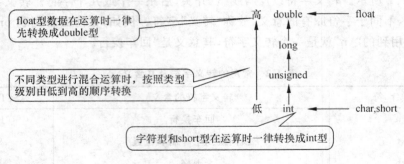

图 2.5

（1）若参与运算量的类型不同，则先转换成同一类型，然后进行运算。

（2）转换按数据长度增加的方向进行，以保证精度。例如，对 int 型和 long 型数据进行运算时，要先把 int 型转成 long 型后再进行运算。

（3）所有的浮点运算都是以双精度进行的，即使仅含 float 单精度量运算的表达式，也要先转换成 double 型，再进行运算。

（4）char 型和 short 型参与运算时，必须先转换成 int 型。

（5）在赋值运算中，赋值号两边的数据类型不同时，要将赋值号右边量的数据类型转换为与左边量相同的类型。如果右边量的数据类型的长度比左边长时，将丢失一部分数据，这样会降低精度，丢失的部分按四舍五入向前舍入。

【例 2.7】类型转换举例。

【源程序】

```
#include<stdio.h>
void main()
{
    float PI=3.14159;
    int s,r=5;
    s=r*r*PI;
    printf("s=%d\n",s);
}
```

本例程序中，输出结果 s＝78。PI 为实型；s,r 为整型。在执行 s＝r＊r＊PI 语句时，r 和 PI 都转换成 double 型计算，结果也为 double 型。但由于 s 为整型，故赋值结果仍为整型，舍去了小数部分。

2.13　强制类型转换

强制类型转换是通过类型转换运算来实现的。其一般形式为：

（类型说明符）（表达式）

其功能是把表达式的运算结果强制转换成类型说明符所表示的类型。

例如：

（float）a　　把 a 转换为实型

（int）(x＋y)　　把 x＋y 的结果转换为整型

在使用强制转换时应注意以下问题。

（1）类型说明符和表达式都必须加括号（单个变量可以不加括号），如把(int)(x＋y)写成(int)x＋y 则成了把 x 转换成 int 型之后再与 y 相加了。

（2）无论是强制转换或是自动转换，都只是为了本次运算的需要而对变量的数据长度进行的临时性转换，而不改变数据说明时对该变量定义的类型。

【例 2.8】强制类型转换举例。

【源程序】

```c
#include<stdio.h>
void main()
{
    float f=5.75;
    printf("(int)f=%d,f=%f\n",(int)f,f);
}
```

程序运行的结果如图 2.6 所示。

```
(int)f=5,f=5.750000

Execution time 0.000 seconds
Press any key to continue...
```

图 2.6

本例表明，f 虽被强制转换为 int 型，但只在运算中起作用，是临时的，而 f 本身的类型并不改变。因此，(int)f 的值为 5（删去了小数），而 f 的值仍为 5.75。

【例 2.9】编一个函数 float fun(double h)，函数的功能是对变量 h 中的值保留 2 位小数，并对第三位进行四舍五入（规定 h 中的值为正数）。

例如：h 值为 8.32433，则函数返回 8.32；h 值为 8.32533，则函数返回 8.33。

程序分析：h 乘以 1000 后正好是原小数点后第三位成为新数的个位数，然后进行加 5 运算。如原小数点后第三位为 4 及以下，则加 5 后还是不能进一位（即四舍）；如是 5 及以上，则加 5 后该位就要向前进一位数（即五入）。进行加 5 运算后除 10 再赋给一个整型变量，此时就只有原小数点第二位及以前各位保留在整型变量中，最后对整型变量除 100，这样又出现了两位小数。该例中，进行四舍五入后一定要赋给一个整型变量才能将不用部分彻底变成 0。

【源程序】

```c
#include<stdio.h>
float fun(float h)
{
    long t;
    float b;
    h=h*1000;
    t=(h+5)/10;
    b=(float)t/100;
    printf("The result :%6.2f\n",b);
```

```
        return 0;
    }
    void main()
    {
        float a;
        printf("Enter a:");
        scanf("%f",&a);
        printf("The original data is:");
        printf("%f\n\n",a);
        fun(a);
    }
```

【例2.10】一个好的软件必须要有友好的人机对话界面,而分级菜单人机交互界面是用途最为广泛的人机交互方式。设计菜单样式示例,通过键盘输入整数对菜单作出选择,并输出对输入数据的反馈信息。

```
    ***************
1   输入数据
2   输出结果
3   加法
4   减法
5   乘法
6   除法
0   退出
    ***************
请您选择(0~6)。
```

【源程序】

```
    #include<stdio.h>
    void main()
    {
        int x;
        printf(" ***************\n");
        printf("1 输入数据\n");
        printf("2 输出结果\n");
        printf("3 加法\n");
        printf("4 减法\n");
        printf("5 乘法\n");
        printf("6 除法\n");
        printf("0 退出\n");
        printf(" ***************\n");
        printf("请您选择(0~ 6): \n");
        scanf("%d",&x);
        printf("您选择的是:%d\n",x);
    }
```

程序运行后输出的结果如图 2.7 所示。

【任务 2.8】编写一程序,定义两个整型变量,从键盘输入两个整数,求这两个数的商。

【任务 2.9】编写显示如下界面的程序。

成绩处理程序

1——成绩登录　　　　2——成绩修改

3——求总成绩　　　　4——求平均成绩

5——成绩排序　　　　6——打印成绩单

7——退出程序

通过键盘输入整数对菜单作出选择,并输出对输入数据的反馈信息。

图 2.7

2.14　复合语句与空语句

1. 复合语句

把多个语句用括号{ }括起来组成的一个语句称复合语句。在程序中应把复合语句看成是单条语句,而不是多条语句。

例如:

```
{
    x=y+z;
    a=b+c;
    printf("%d%d",x,a);
}
```

是一条复合语句。

复合语句内的各条语句都必须以分号“;”结尾,在括号“}”外不能加分号。

2. 空语句

只有分号“;”组成的语句称为空语句。空语句是什么也不执行的语句。在程序中空语句可用来作空循环体。

例如:

```
while(getchar()!='\n')
    ;
```

2.15　赋值语句

赋值语句是由赋值表达式再加上分号构成的表达式语句。其一般形式为:

变量＝表达式;

赋值语句的功能和特点都与赋值表达式相同,它是程序中使用最多的语句之一。

在赋值语句的使用中需要注意以下几点。

(1) 由于在赋值符“＝”右边的表达式也可以又是一个赋值表达式,因此下述形式

变量＝(变量＝表达式);

是成立的,从而形成赋值嵌套的情形。其展开之后的一般形式为:

变量＝变量＝…＝表达式;

例如：

```
a= b= c= d= e= 5;
```

按照赋值运算符的右接合性，因此实际上等效于

```
e=5;
d=e;
c=d;
b=c;
a=b;
```

（2）注意在变量说明中给变量赋初值和赋值语句的区别。

给变量赋初值是变量说明的一部分，赋初值后的变量与其后的其他同类变量之间仍必须用逗号间隔，而赋值语句则必须用分号结尾。

例如：

```
int a= 5,b,c;
```

（3）在变量说明中，不允许连续给多个变量赋初值。例如，下述说明是错误的：

```
int a=b=c=5;
```

必须将其改写为：

```
int a=5,b=5,c=5;
```

而赋值语句允许连续赋值。

（4）注意赋值表达式和赋值语句的区别。

赋值表达式是一种表达式，它可以出现在任何允许表达式出现的地方，而赋值语句则不能。

【任务 2.10】定义两个 double 型的变量 x、y，从键盘读入 x，把 x 的平方根赋给 y，并输出结果。

【任务 2.11】设圆的半径 r＝2.3，编写一个程序：计算圆的面积、周长及与该圆同半径的球的体积，并在屏幕上输出结果。

【任务 2.12】从键盘输入一个小写字母，输出其对应的大写字母及相应的 ASCII 码值。

【任务 2.13】编写一程序，已知 a＝10，计算 a×150÷6，并将结果赋给变量 b。

【任务 2.14】某班学生参加了 13 天夏令营，共计行程 403 km，已知该班学生晴天日行 35 km，雨天日行 22 km。试编程序计算整个夏令营期间，晴天、雨天各多少天。

【任务 2.15】C 语言可以用（　　　）、（　　　）和（　　　）三种进制来表示整数型。

【任务 2.16】C 语言可以用（　　　）进制形式表示实数。

【任务 2.17】C 语言用（　　　）来标注字符常量。

【任务 2.18】C 语言用（　　　）来标注字符串常量。

【任务 2.19】int a;是将变量 a 定义为（　　　）类型。float x;是将变量 x 定义为（　　　）类型。char u;是将变量 u 定义为（　　　）类型。

【任务 2.20】C 语言的一个 int 型变量的存储容量为（　　　）字节，一个 float 型变量的存储容量为（　　　）字节，一个 char 型变量的存储容量为（　　　）字节。

【任务 2.21】改错。

（1）int a;

```
a＝90000;
```

（2）char c;

```
c＝"y";
```

第3章 运 算 符

　　运算是对数据的加工,运算符与表达式可以实现对数据的处理,以及按什么顺序进行处理。C语言提供了相当丰富的运算符,在高级语言中是少见的,正是丰富的运算符和表达式使C语言功能十分完善,使程序设计变得方便灵活,这也是C语言的主要特点之一。

知识点

- 运算符
- 表达式
- 运算符的优先级
- 运算符的结合性

3.1　C运算符简介

　　C语言的运算符不仅具有不同的优先级,而且还有一个特点,就是它的结合性。在表达式中,各运算量参与运算的先后顺序不仅要遵守运算符优先级别的规定,还要受运算符结合性的制约,以便确定是自左向右进行运算还是自右向左进行运算,这种结合性是其他高级语言的运算符所没有的,因此也增加了C语言的复杂性。

　　C语言的运算符可分为以下几类。

　　(1) 算术运算符:用于各类数值运算,包括加(+)、减(-)、乘(*)、除(/)、求余(或称模运算%)、自增(++)、自减(--)共7种。

　　(2) 关系运算符:用于比较运算,包括大于(>)、小于(<)、等于(==)、大于等于(>=)、小于等于(<=)和不等于(! =)共6种。

　　(3) 逻辑运算符:用于逻辑运算,包括与(&&)、或(||)、非(!)共3种。

　　(4) 位操作运算符:参与运算的量,按二进制位进行运算。

　　(5) 赋值运算符:用于赋值运算,分为简单赋值(=)、复合算术赋值(+=、-=、 * =、/=、%=)共6种。

　　(6) 条件运算符:这是一个三目运算符,用于条件求值(? :)。

　　(7) 逗号运算符:用于把若干表达式组合成一个表达式(,)。

　　(8) 指针运算符:用于取内容(*)和取地址(&)两种运算。

　　(9) 求字节数运算符:用于计算数据类型所占的字节数(sizeof)。

　　(10) 特殊运算符:有括号( )、下标[ ]、成员(→,.)等几种。

3.2　基本的算术运算符

　　基本的算术运算符有5个,都是双目运算符。这5个运算符的优先级是" * 、/、%"

为同一级别,高于"＋、－";结合性为:在优先级相同的情况下是左结合。

在 C 语言中,加、减、乘的操作没有什么需要特别说明之处,和生活的相关运算一样,几乎可用于所有的 C 语言内定义的数据类型。

1. 除法运算符"/":双目运算符

在参与运算量均为整型时,结果也为整型。如果运算量中有一个是实型,则结果为双精度实型。

【例 3.1】求 x 的值。

【源程序】

```
#include<stdio.h>
void main()
{
    float x;
    x=5/2;
    printf("x=%f\n",x);
}
```

得到的结果:x 等于 2.0,而不是 2.5。

【思考】

在【例 3.1】中若要得到 x 的值为 2.5,正确的写法应该是什么?

2. 模运算符％:一个二元运算符

其优先级和结合方向同 * 和/。％要求两侧的操作数为整型数据,且 n％m 的结果为 n/m 的余数部分,即 n 被 m 除的余数。

【应用】

(1) 余数的符号与被除数一致,如 7％3 的结果是 1,4％2 的结果为 0,2％3 的结果为 2,−2％3＝−2,2％−3＝2,−2％−3＝−2。

经常利用求余运算符进行一些特殊的判断,如 x％2 的结果为 0,则说明 x 为偶数;x％2 的结果不为 0,则说明 x 为奇数等。

(2) 利用整除和求余运算可以拆分一个整数的各位数字。

设 m 为一个 3 位整数,则 m/100 可能得到 m 的百位数,m/10％10 可以得到 m 的十位数,m％10 可以得到 m 的个位数。

(3) 两个类型相同的操作数进行运算,其结果类型与操作数类型相同。不同类型的数据要先按转换的规则转换成同一类型,然后进行运算。

(4) 运算符及其优先级汇总见附录 3。

【任务 3.1】上机调试程序,观察程序输出的结果。

```
#include<stdio.h>
void main()
{
    printf("-2%%3=%d,\n2%%-3=%d,\n-2%%-3=%d\n",-2%3,2%-3,-2%-3);
}
```

3.3 表达式

表达式是由常量、变量、函数和运算符组合起来的式子,其书写规则如下。

（1）表达式从左到右在同一基准线上书写，每个字符没有高低、大小的区别。

（2）只能使用圆括号，可以多重使用，圆括号必须成对出现。

（3）表达式中的乘号"＊"不能省略。

（4）能用系统函数的地方尽量使用系统函数。

（5）表达式中的角度要转变为弧度。

表达式的值：表达式中的数据按照一定的运算顺序，在各种运算符的作用下，得到一个运算结果，即表达式的值。

【任务 3.2】写出 C 语言的表达式。

(1) $\sqrt[5]{x-\sqrt{2-\lg 5}}$

(2) $\sqrt{\dfrac{\ln 5.1+\sin 30°}{\cos(x-1)+e^3}} + |m|-n^4$

(3) $f(x) = \dfrac{\sqrt{(x-1)(x-2)}}{x}$

【任务 3.3】在百度中输入"C 语言 数学函数"，了解 C 语言中各种数学函数的特征及使用方法。

3.4 自增、自减运算符

C 语言提供的自增 1、自减 1 运算符均为单目运算，都具有右结合性。它们的操作数只能是变量，不能是常量和表达式，可有以下几种形式。

（1）＋＋i：i 自增 1 后再参与其他运算，其表达式的值（＋＋i）也增 1。

（2）－－i：i 自减 1 后再参与其他运算，其表达式的值（－－i）也减 1。

（3）i＋＋：i 参与运算后，i 的值再自增 1，其表达式的值（i＋＋）不变。

（4）i－－：i 参与运算后，i 的值再自减 1，其表达式的值（i－－）不变。

在理解和使用上容易出错的是 i＋＋和 i－－。特别是当它们出现在较复杂的表达式或语句中时，常常难于弄清，因此应仔细分析。

【例 3.2】自增、自减应用举例。

【源程序】

```
#include<stdio.h>
void main()
{
    int i=8;
                        /*输出的结果    i 值的变化 */
    printf("%d\n",++i);      /* 9          i=9*/
    printf("%d\n",--i);      /* 8          i=8*/
    printf("%d\n",i++);      /* 8          i=9*/
    printf("%d\n",i--);      /* 9          i=8*/
    printf("%d\n",-i++);     /* -8         i=9*/
    printf("%d\n",-i--);     /* -9         i=8*/
}
```

负号（－）和＋＋、－－是同级运算符，但高于基本算术运算符，均具有右结合性。

i 的初值为 8,第 6 行 i 先加 1,此时的 i 值变为 9,(++i)输出的结果也为 9。

第 7 行 i 先减 1,此时的 i 值变为 8,(——i)输出的结果也为 8。

第 8 行先输出(i++)的结果为 8,i 再加 1,则 i 的值为 9。

第 9 行先输出(i——)的结果为 9,i 再减 1,则 i 的值为 8。

第 10 行先输出—(i++)的结果为—8,i 再加 1,则 i 的值为 9。

第 11 行先输出—(i——)的结果为—9,i 再减 1,则 i 的值为 8。

【注意】

—i++ 应理解为:—(i++),不能理解为:(—i)++。

—i—— 应理解为:—(i——),不能理解为:(—i)——。

【任务 3.4】上机调试程序,分析程序输出结果。

```
#include<stdio.h>
void main()
{
    int x,y,z;
    x=5;
    y=x++;
    z=++x;
    printf("y=%d z=%d x=%d\n",y,z,x);
}
```

【任务 3.5】把【任务 3.4】程序中的++改为——,再次调试程序,观察程序运行后的结果。

【思考】

(1) 5++是否合法?

(2) 若 x、y 为整型,则(x+y)++是否合法?

3.5 赋值运算符

(1) 赋值运算符记为"="。由"="连接的式子称为赋值表达式,其作用是将右边的表达式的值赋值给左边的变量,其结合方向是自右向左。其一般形式为:

变量＝表达式

等号的左边可以是任何想要设置的变量(不能为表达式),等号的右边可以是任何表达式,它指定了特定的值。赋值操作的顺序是先计算右边表达式的值,再将该值转换成与左边对象类型相同的数值,存入左边变量代表的内存空间。

例如:

x＝a+b

w＝sin(a)+sin(b)

(2) 赋值表达式的功能是计算表达式的值,再将其赋予左边的变量。因此,

a＝b＝c＝5

可理解为

a＝(b＝(c＝5))

在 C 语言中,把"="定义为运算符,从而组成赋值表达式。凡是表达式可以出现的地方

均可出现赋值表达式。

例如,式子:

x=(a=5)+(b=8)

是合法的。它的意义是把 5 赋予 a,8 赋予 b,再把 a 与 b 相加,其和赋予 x,故 x 应等于 13。

3.6 复合的赋值运算符

在赋值符"="之前加上其他二目运算符可构成复合赋值符,如+=,-=,*=,/=,%=。

构成复合赋值表达式的一般形式为:

变量 双目运算符=表达式

它等效于

变量=变量 运算符 表达式

例如:

a+=5   等价于 a=a+5

x*=y+7   等价于 x=x*(y+7)

k%=p   等价于 k=k%p

在数学中没有这样的运算符和表达式,这是一种新的操作符,复合赋值符的这种写法,初学者可能不习惯,但十分有利于编译处理,能提高编译效率并产生质量较高的目标代码。

3.7 逗号运算符和逗号表达式

在 C 语言中逗号","也是一种运算符,称为逗号运算符。其功能是把两个表达式连接起来组成一个表达式,称为逗号表达式。其一般形式为:

表达式 1,表达式 2,…,表达式 n

其求值过程是:先求解表达式 1,再求解表达式 2,最后求解表达式 n,且表达式 n 的值就是该逗号表达式的值。

3.8 字节运算符

sizeof 是一个比较特殊的单目运算符,经常用于动态分配空间。其语法格式为:

sizeof(表达式)

(1) 表达式可以是变量名、常量及数据类型名。

(2) 它的功能是,求表达式中变量名所代表的存储单元所占的字节数;或是求表达式中常量的存储单元所占的字节数;或是求表达式中的数据类型表示的数据在内存单元中所占的字节数。

(3) 注意运算结果是字节数,不是位(bit)数。

如果 int 型数据在内存中占 16 位,是 2 个字节,那么,sizeof(int)的结果是 2,而不是 16。

sizeof 运算符比较灵活,同样是求 int 型数据所占的字节数,可以使用三种方法:

(1) 求 sizeof(int);

(2) 求 sizeof(10);

(3) 使用 int a;定义一个整型变量 a,求出 sizeof(a)。

3.9　关系运算符

在程序中经常需要比较两个量的大小关系,以决定下一步的工作。关系运算符是对两个量进行"比较运算",是对两个操作数的值进行比较,判断它们是否满足指定的大小关系。

1. 关系运算符及其优先次序

在 C 语言中有以下关系运算符:　　　　　　　　　优先级

①< 小于　　　　　　　　　　　　　　　　　　(6)

②<= 小于或等于　　　　　　　　　　　　　　(6)

③> 大于　　　　　　　　　　　　　　　　　　(6)

④>= 大于或等于　　　　　　　　　　　　　　(6)

⑤== 等于　　　　　　　　　　　　　　　　　(7)

⑥! = 不等于　　　　　　　　　　　　　　　(7)

关系运算符都是双目运算符,其结合性均为左结合。关系运算符的优先级低于算术运算符,高于赋值运算符。

注意区分"="与"==",这是两个不同的概念,前者指赋值运算。

2. 关系表达式

关系表达式的一般形式为:

表达式　关系运算符　表达式

它们操作数类型可以是数值型、字符型、指针类型或者枚举类型。如果是数值比较大小,则比较数字的大小;如果是字符量比较大小,则比较 ASCII 的大小。

3. 关系表达式的值

由关系运算符和操作数组成的表达式称为关系表达式,它所得的结果为逻辑值,也称布尔值。逻辑值只有两个,用"真"和"假"表示,"真"用"1","假"用"0"表示。但在实际运行过程中,非零值为真,零为假。

不等于用"! ="表示,而不是我们更常见的"<>"或者"≠"。

例如:5>0 的值为"真",即为 1。

(a=3)>(b=5)由于 3>5 不成立,故其值为假,即为 0。

【例 3.3】求下列各种关系运算符的值。

【源程序】

```
#include<stdio.h>
void main()
{
    char c='k';
```

```
        int i=1,j=2,k=3;
        float x=3e+5,y=0.85;
        printf("%d,%d\n", 'a'+5<c,-i-2*j>=k+1);
        printf("%d,%d\n",1<j<5,x-5.25<=x+y);
        printf("%d,%d\n",i+j+k==-2*j,k==j==i+5);
    }
```

程序运行的结果如图 3.1 所示。

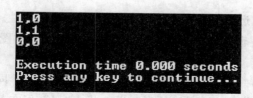

图 3.1

4. 含多个关系运算符的表达式

设 i＝3,j＝5,k＝7,求表达式 k＝＝j＝＝i+5 的值。根据运算符的左结合性,先计算 k＝＝j,该式不成立,其值为 0,再计算 0＝＝i+5,也不成立,故表达式值为 0。

设 j＝3;求表达式 1＜j＝＝0＜5 的值。根据运算符的优先级和左结合性,先计算 1＜j,为真(1),再计算 0＜5,也为真,最后计算运算符"＝＝",故表达式值为 1。

【思考】

若表达式 x＝7＜12＝＝1,则它等同于 x＝(7＜12)＝＝1 还是 x＝7＜(12＝＝1)?

【应用】

由于实数在计算机中是不能精确表示的,因此应避免使用运算符"＝＝"和"！＝"对两个实数进行"相等"或"不相等"的判断。要判断两个实数是否相等,一般是通过判断它们的差的绝对值是否小于一个较小的数来确定的。

检测　　　|a—b|＜ε　　　(ε 为很小的正数,表示 a 和 b 之间的误差)

若该式成立,则认为 a 和 b 之间的误差不超过 ε,近似相等;否则 a 和 b 不相等。ε 可以根据要求进行调节,ε 越小,a 和 b 之间的差就越小。例如:

　　fabs(x—y)＜1e—5

其中,fabs()是取绝对值函数。该表达式表示当两个实数 x、y 的绝对值小于 10^{-5} 时,可判断这两个实数相等。

3.10　逻辑运算符

1. 逻辑运算符

C 语言中提供了三种逻辑运算符:

＆＆ 与运算;

|| 或运算;

! 非运算。

逻辑运算的值有"真"和"假"两种,用"1"和"0"来表示,其求值规则如下。

（1）与运算 &&：参与运算的两个量都为真时，结果才为真，否则为假。

同真为真（优先级为11）。

（2）或运算||：参与运算的两个量只要有一个为真，结果就为真。两个量都为假时，结果为假。

同假为假（优先级为12）。

（3）非运算!：参与运算量为真时，结果为假；参与运算量为假时，结果为真（优先级为2）。

2. 优先次序

与运算符 && 和或运算符|| 均为双目运算符，具有左结合性。非运算符! 为单目运算符，具有右结合性。逻辑运算符和其他运算符优先级的关系如图3.2所示。

3. "真(假)"之谜

C语言编译系统中，判断"真(假)"和表示"真(假)"上有所不同。C语言编译系统在给出(表示)逻辑运算结果时，以1代表"真"，以0代表"假"；但在判断一个量是否为"真"时，非0的数都认为是"真"，数0则认为是"假"。

【例3.4】 求出各种运算符的值。

【源程序】

```
#include<stdio.h>
void main()
{
    char c='k';
    int i=1,j=2,k=3;
    float x=3e+5,y=0.85;
    printf("%d,%d\n",!x *!y,!!!x);
    printf("%d,%d\n",x||i&&j-3,i<j&&x<y);
    printf("%d,%d\n",i==5&&c&&(j=8),x+y||i+j+k);
}
```

程序运行结果如图3.3所示。

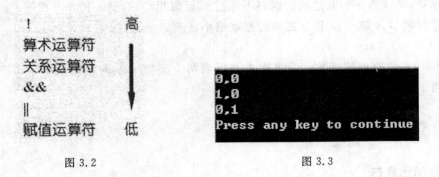

图3.2   图3.3

本例中! x 和! y 分别为0，! x *! y 也为0，故其输出值为0。由于x为非0，故!!! x 的逻辑值为0。

对表达式 x||i && j−3，因x为真，故 x||i&&j−3 的逻辑值为1（同假为假）。对表达式 i<j&&x<y，由于 i<j 的值为真(1)，而 x<y 为假(0)，故1和0进行与运算，结果为0（同真为真）。

对表达式 i==5&&c&&(j=8),根据优先级,先计算 i==5。由于 i==5 为假,即值为 0,该表达式由两个与运算组成,所以整个表达式的值为假(0)。对于表达式 x+y||i+j+k,由于 x+y 的值为非 0,故整个或表达式的值为 1。

4."短路"

在逻辑表达式的求解中,如果左操作数已经能够确定表达式的解,则系统不再计算右操作数的值,即:若运算符"||"左操作数为真,则不管右边的操作数是否为真,整个表达式的值为真,后面的操作数就不必计算了。若运算符"&&"左操作数为假,则不管右边的操作数是否为假,整个表达式的值为假,后面的操作数也不必计算了!

【例 3.5】 下列程序的输出结果是什么?

【源程序】

```
#include<stdio.h>
void main()
{
    int a=1,b=2,c=3,d=4,m=1,n=5;
    (m=a>b)&&(n=c>d);
    printf("m=%d,n=%d\n",m,n);
}
```

当 m=0 时,n=c>d 不被执行,因此 n 的值不是 0 而仍保持原值 5。

程序运行的结果如图 3.4 所示。

`m=0,n=5`

图 3.4

注意:C 语言的关系表达式与数学上的比较运算的表达式不完全一样,要注意区分,并将数学上的运算转化为合法的 C 语言关系表达式。

【例 3.6】 判断一个变量的值是否在 12 到 20 之间。

数学上的表达式:12<a<20。

在 C 语言中,把这样的表达式放在程序中编译一下,没有什么不正常的,编译通过。但是,在运行时就会出现问题。设 a 的值为 14,此时,表达式首先计算 12<a,则为真,其值为 1,再计算 1<20,则也为真,这与题设不符。

在 C 语言中,正确的表达式:(12<a)&&(a<20)。

这样不但编译能通过,运行结果也与题设相符。

例如,一个奇数的条件为 n%2!=0。

【任务 3.6】 写出判断 x 大于 0 并且小于 10 的表达式。

【任务 3.7】 写出判断 ch 为字母的表达式。

【任务 3.8】 写出判断整型数 a、b、c 能构成一个三角形的表达式。

【任务 3.9】 写出判断整型数 a、b、c 能构成一个等边三角形的表达式。

【任务 3.10】 写出判断整型数 a、b、c 能构成一个等腰三角形的表达式。

【任务 3.11】 写出判断某年是否闰年的表达式?

(闰年:能被 4 整除,但不能被 100 整除,或能被 400 整除)

【任务 3.12】 写出判断表达式,|x|>2。

【任务 3.13】 写出判断表达式,x≤1+a 并 y≤b。

【任务 3.14】 写出判断 ch 为大写字母的表达式。

3.11　条件运算符

条件运算符为(？:),是一个三目运算符,即有三个参与运算的量。

由条件运算符组成条件表达式的一般形式为:

　　　　表达式 1？表达式 2：表达式 3

其求值规则为:如果表达式 1 的值为真,则以表达式 2 的值作为条件表达式的值,否则以表达式 3 的值作为整个条件表达式的值。

使用条件表达式时,还应注意以下几点。

(1) 条件运算符的运算优先级低于关系运算符和算术运算符,但高于赋值符(优先级为 13)。

(2) 条件运算符？和:是一对运算符,不能分开单独使用。

(3) 条件运算符的结合方向是自右至左的。

【例 3.7】若给变量 x 输入 12,则以下程序运行的结果是什么?

【源程序】

```
#include<stdio.h>
void main()
{
    int x,y;
    printf("input one number: x\n");
    scanf("%d",&x);
    y=x>12? x+10:x-12;
    printf("y=%d\n",y);
}
```

程序运行的结果如图 3.5 所示。

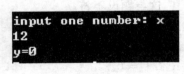

图 3.5

3.12　程序设计举例

【例 3.8】输入三角形的三边长,求三角形面积。

已知三角形的三边长 a、b、c,则该三角形的面积公式为:

$$area=\sqrt{s(s-a)(s-b)(s-c)}$$

其中,s = (a+b+c)/2。

【源程序】

```
#include<stdio.h>
#include<math.h>
void main()
```

```
{
    float a,b,c,s,area;
    scanf("%f,%f,%f",&a,&b,&c);
    s=1.0/2*(a+b+c);
    area=sqrt(s*(s-a)*(s-b)*(s-c));
    printf("a=%f,b=%f,c=%f,s=%f\n",a,b,c,s);
    printf("area=%f\n",area);
}
```

程序运行的结果如图 3.6 所示。

```
3,4,6
a=3.00,b=4.00,c=6.00,s=6.50
area=5.332682
```

图 3.6

【思考】

(1) 程序在编译时,出现如下提示,请在百度中查找其含义。

warning C4244:'=':conversion from 'double' to 'float', possible loss of data

(2) 输入数据时,请注意在数据之间输入逗号,若数据之间用空格隔开,请观察程序运行后的结果。

【例 3.9】编写一个程序并上机调试,计算出下列数学算式的结果。

$$\sqrt{x^6 + y^5}$$

【源程序】

```
#include<stdio.h>
#include<math.h>
void main()
{
    float x,y;
    float result;
    printf("please input x,y:\n");
    scanf("%f%f",&x,&y);
    printf("x=%f,y=%f\n",x,y);
    result=sqrt(pow(x,6)+pow(y,5));
    printf("result is %f\n",result);
}
```

程序运行的结果如图 3.7 所示。

```
please input x,y:
3 5
x=3.000000,y=5.000000
result is 62.080593
```

图 3.7

输入数据时,请注意数据之间用空格隔开。

【例 3.10】编写程序,读入两个整数给 a、b,然后交换这两个数,把 a 中原来的值给 b,把 b 中原来的值给 a。

【源程序】

```
#include<stdio.h>
void main()
{
    int a,b,t;
    printf("input a,b:\n");
    scanf("%d%d",&a,&b);
    printf("交换前 a=%d,b=%d \n",a,b);
    {t=a;a=b;b=t;}
    printf("交换后 a=% d,b=% d \n",a,b);
}
```

程序运行的结果如图 3.8 所示。

打个比方:若将一瓶酱油 a 和一瓶醋 b 对换,首先把酱油 a 倒入空瓶 c 中,再将醋倒入 a 瓶中,最后将 c 瓶中的酱油倒入 b 瓶中,这样就实现了酱油和醋的互换。

【例 3.11】求 $ax^2+bx+c=0$ 方程的根,a、b、c 由键盘输入,设 $b^2-4ac>0$。

求根公式为:

$$x_1=\frac{-b+\sqrt{b^2-4ac}}{2a}, \qquad x_2=\frac{-b-\sqrt{b^2-4ac}}{2a}$$

令

$$p=\frac{-b}{2a}, \qquad q=\frac{\sqrt{b^2-4ac}}{2a}$$

则

$$x_1=p+q, \qquad x_2=p-q$$

【源程序】

```
#include<stdio.h>
#include<math.h>
void main()
{
    float a,b,c,disc,x1,x2,p,q;
    scanf("a=%f,b=%f,c=%f",&a,&b,&c);
    disc=b*b-4*a*c;
    p=-b/(2*a);
    q=sqrt(disc)/(2*a);
    x1=p+q;
    x2=p-q;
    printf("\nx1=%f, x2=%f\n",x1,x2);
}
```

程序运行的结果如图 3.9 所示。

输入数据时,请根据提示输入数据,并注意它们之间的逗号。

图 3.8

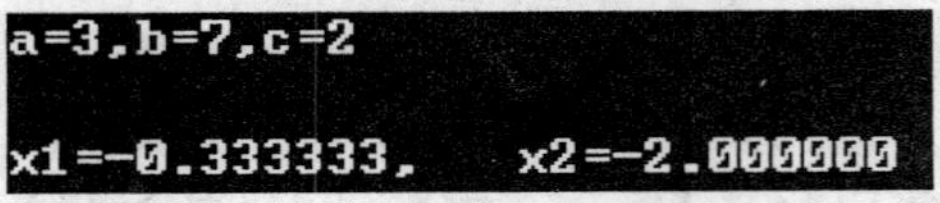

```
a=3,b=7,c=2

x1=-0.333333,   x2=-2.000000
```

图 3.9

【任务 3.15】在【例 3.11】中的数据输入中,输入 a=3,b=5,c=7,观察程序运行后输出的结果。

【思考】

在【例 3.8】、【例 3.9】、【例 3.10】、【例 3.11】中找一找:

(1) 每个程序中有多少个关键字?

(2) 每个程序中使用了多少个函数?

【任务 3.16】编写程序输入 4 个数,求它们的平均值并输出。

【任务 3.17】把华氏温度(F)转换为摄氏温度(C)的转换公式是 $t=(5/9)(F-32)$。请分别求出对应于摄氏温度 $-10℃$、$0℃$、$10℃$、$37℃$、$100℃$ 的华氏温度。

【任务 3.18】从键盘输入 3 个整型数,实现 3 个整型数的互换。

【任务 3.19】已知 int x=6;,表达式 x%2+(x+1)%2 的值是( )。

【任务 3.20】已知 int x;,表达式 x=25/3%3 的值是( )。

【任务 3.21】输入两个实数,输出它们加、减、乘、除的结果。

【任务 3.22】输入长方形的长 a 和 b,输出长方形的面积 A,对角线的长 s1 和周长 s2。

【任务 3.23】输入初速度和射角,计算初速度 v_0、射角为 q 度、重力加速度 $g=9.8$ 时抛物体的射程 s(计算公式为 $s=2v_0^2\sin q\cos q/g$)。

第 4 章　输入/输出

为了让计算机处理各种数据,首先应该把数据输入到计算机中,计算机处理数据结束后,再将目标数据信息以人能够识别的方式输出,即实现人和计算机之间的信息交换,这就需要程序设计人员掌握人机界面接口。在 C 语言程序设计中,其输入/输出是通过编译系统提供的标准库函数来实现的。

知识点

- 字符、字符串的输入/输出
- 整型数、实型数的输入/输出
- 输入/输出的格式控制

数据的输入和输出是指计算机系统内部和计算机外部设备之间的数据流通,默认的输入设备——键盘,默认的输出设备——显示器。输入就是通过外部设备(键盘)把数据输入到内存中,输出就是把内存中的数据输出到外部设备上。

C 语言没有输入/输出语句,其输入/输出(I/O)操作是通过调用系统函数实现,即所有的数据输入/输出都是由库函数完成的,所以在程序的开头要有♯include< stdio.h >或♯include "stdio.h"。stdio 是 standard input &output 的意思。

输入/输出处理是程序设计中非常重要的一部分,包含从键盘读取数据、从文件中读取数据、向文件中写数据或者在屏幕上显示数据。

4.1　字符的输入/输出

1)putchar(c) 函数(字符输出函数)

putchar 函数是字符输出函数,其功能是在(显示器)屏幕上输出单个字符(将 c 的值输出到屏幕上)。

其一般形式为:

putchar(c)

c 可以是字符型或整型的常量、变量、表达式。

例如:

```
putchar('A');          /*输出大写字母 A */
putchar(x);            /*输出字符变量 x 的值 */
putchar('\101');       /*输出字符 A */ /*八进制 */
putchar('\n');         /*换行 */
```

对控制字符则执行控制功能,不在屏幕上显示。

【例 4.1】输出单个字符。

【源程序】

```
#include "stdio.h"
```

```
void main()
{
    char c1,c2;
    c1='b';c2=98;
    putchar(c1);putchar(c2);
    putchar('b');putchar(98);
    putchar('\\');putchar('\101');
    printf("\n");
}
```

程序运行后,显示的结果:

bbbb\A

2) getchar()函数(字符输入函数)

getchar()函数的功能是从键盘缓冲区读入一个字符,返回该字符的 ASCII 码值。这是一个无参函数,调用这个函数时,不必提供原始数据,但括号不能省略。

其一般形式为:

getchar();

用 getchar()得到的字符可以赋给字符型变量、整型变量或者作为表达式的一部分。通常把输入的字符赋予一个字符变量,构成赋值语句,如:

char c;

c=getchar();

【例 4.2】输入单个字符。

【源程序】

```
#include<stdio.h>
void main()
{
    char c;
    printf("input a character\n");
    c=getchar();
    putchar(c);
}
```

程序运行后,在键盘上输入一个字符,则在屏幕上就输出这个字符,如输入 a,则屏幕上显示 a。

使用 getchar()函数应注意几个问题。

(1) getchar()函数只能接收单个字符,输入数字也按字符处理。输入多于一个字符时,只接收第一个字符。输入一个字符的 ASCII 码时,也只能接收一个数字,如输入 97,则只读入 9。

(2) 在 TC 屏幕下运行含本函数程序时,将退出 TC 屏幕进入用户屏幕等待用户输入。输入完毕再返回 TC 屏幕。

(3) 从键盘输入字符时,不需要单引号。

(4) 程序最后两行可用下面两行的任意一行代替:

putchar(getchar());

printf("%c",getchar());

（5）无论输入多少字符，只有按了回车键才开始读，并且只读一个字符。

【任务 4.1】从键盘输入任一字符，如果该字符是小写字符，则将其转换为大写字符输出。

4.2　输出函数

C语言提供了适用于任意数据类型的输入/输出函数。

printf 函数是一个标准的库函数，称为格式输出函数，其关键字的最末一个字母 f 即为"格式"（format）之意。其功能是，按用户指定的格式，把指定的数据显示到屏幕上。

其一般形式为：

printf("格式控制字符串"，输出表列)；

功能：按"格式控制字符串"的格式依次输出"输出列表"中的各输出项。

格式控制字符串用于指定输出格式，可由格式字符串和非格式字符串组成。格式字符串是以％开头的字符串，在％后面跟有各种格式字符，以说明输出数据的类型、形式、长度、小数位数等，如：

"％d"表示按十进制整型输出；

"％f"表示按实型输出；

"％e"表示按指数型输出实数；

"％c"表示按字符型输出；

"％o"表示按八进制整型输出（是字母 o 而不是数字 0）；

"％x"表示按十六进制整型输出。

【注意】

（1）非格式字符串在输出时原样显示，起提示作用。

（2）输出列表中给出了各个输出项，要求格式字符串和各输出项在数量和类型上应该一一对应。

【例 4.3】输出函数的应用。

【源程序】

```
#include<stdio.h>
void main()
{
    int a=88,b=89;
    printf("%d %d\n",a,b);
    printf("%d,%d\n",a,b);
    printf("%c,%c\n",a,b);
    printf("a=%d,b=%d",a,b);
}
```

程序运行的结果如图 4.1 所示。

【例 4.4】如何输出％?

【源程序】

```
#include<stdio.h>
void main()
```

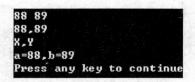

图 4.1

```
    {
        printf("%f%%\n",1.0/3);
    }
```

程序运行的结果如图 4.2 所示。

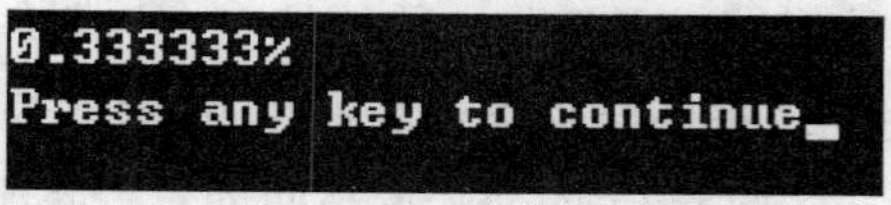

```
0.333333%
Press any key to continue_
```

图 4.2

【例 4.5】定义整型变量 x、y、z 并赋值,按不同格式形式输出。

【源程序】

```
#include"stdio.h"
int main()
{
    int x=20,y=020,z=0x20;
    printf("\t\t 十进制\t 八进制\t 十六进制\n");
    printf("十进制 20\t%d\t%o\t%x\n",x,x,x);
    printf("八进制 20\t%d\t%o\t%x\n",y,y,y);
    printf("十六进制 20\t%d\t%o\t%x\n",z,z,z);
    return 0;
}
```

程序运行的结果如图 4.3 所示。

	十进制	八进制	十六进制
十进制20	20	24	14
八进制20	16	20	10
十六进制20	32	40	20

图 4.3

4.3 输入函数

在 C 语言中,可以用赋值语句为变量赋值,但也常用 scanf 函数接收用户从键盘输入的数据,实现和用户的交流。scanf 函数称为格式输入函数,即按用户指定的格式从键盘上把数据输入到指定的变量中。

1. scanf 函数的一般形式

scanf 函数的一般形式为:

scanf("格式控制字符串",地址表列);

其中,格式控制字符串不能显示非格式字符串,也就是不能显示提示字符串。地址列表中给出各变量的地址,地址是由地址运算符"&"后跟变量名组成的。

例如:&a, &b 分别表示变量 a 和变量 b 的地址。

这个地址就是编译系统在内存中给 a、b 变量分配的地址。在 C 语言中,使用了地址这个概念,这是与其他语言的不同之处,应该把变量的值和变量的地址这两个不同的概念区别开来,变量的地址是 C 编译系统分配的,用户不必关心具体的地址是多少。

变量的地址和变量值的关系如下:

如果 a＝567;

则 a 为变量名,567 是变量的值,&a 是变量 a 的地址,由 C 编译系统自动分配。

但在赋值号左边是变量名,不能写地址,而 scanf 函数在本质上也是给变量赋值,但要求写变量的地址,如 &a。这两者在形式上是不同的,& 是一个取地址运算符,&a 是一个表达式,其功能是求变量的地址。

【例 4.6】 输入函数的使用举例。

【源程序】

```
# include< stdio.h>
void main()
{
    int a,b,c;
    printf("input a,b,c\n");
    scanf("% d% d% d",&a,&b,&c);
    printf("a= % d,b= % d,c= % d\n",a,b,c);
}
```

程序运行的结果如图 4.4 所示。

```
input a,b,c
7 8 9
a=7,b=8,c=9
Press any key to continue
```

图 4.4

由于 scanf 函数本身不能显示提示字符串,故先用 printf 语句在屏幕上输出提示,请用户输入 a、b、c 的值。执行 scanf 语句,则退出 TC 屏幕进入用户屏幕等待用户输入。用户输入7 8 9后按回车键,此时,系统又将返回 TC 屏幕。在 scanf 语句的格式控制字符串中由于没有非格式字符在"%d%d%d"之间作输入时的间隔,因此在输入时要用一个以上的空格、回车键或制表符(Tab 键)作为每两个输入数之间的间隔。如:

　　7　8　9　　　　/* 空格作数据输入时的间隔 */

或

　　7

　　8

　　9　　　　　　　/* 用回车作数据输入时的间隔 */

2. 使用 scanf 函数时的注意事项

(1) scanf 函数中没有精度控制,如:scanf("%5.2f",&a);是非法的,不能企图用此语句输入小数为两位的实数。

(2) scanf 函数要求给出变量地址,如给出变量名则会出错。如 scanf("%d",a);是非法的,应改为 scnaf("%d",&a);才是合法的。

(3) 在输入多个数值数据时,若格式控制串中没有非格式字符作输入数据之间的间隔,则可用空格、Tab 键或回车键作间隔。C 编译在碰到空格,Tab 键回车键或非法数据(如对"%d"输入"12A"时,A 即为非法数据)时即认为该数据结束。

(4) 在 scanf 函数中,若格式串中除了格式说明所规定的字符外,插入了其他字符,则在输入时,要求按一一对应的位置原样输入这些字符。

例如:

scanf("%d,%d,%d",&a,&b,&c);

其中,用非格式符" ,"作间隔符,故输入数据时应为:

5,6,7　　　　　　/ * 用","作数据输入时的间隔 */

又如:

scanf("a=%d,b=%d,c=%d",&a,&b,&c);

则输入数据时应为:

a=5,b=6,c=7

(5) 在输入字符数据时,若格式控制串中无非格式字符,则认为所有输入的字符均为有效字符。

例如:

scanf("%c%c%c",&a,&b,&c);

若输入为:

d□e□f(□代表空格)

则把"d"赋予 a,"□ " 赋予 b,"e"赋予 c。

只有当输入为:

def

时,才能把"d"赋于 a,"e"赋予 b,"f"赋予 c。

【例 4.7】输入字符数据举例,输入 M□N(□代表空格)。

【源程序】

```
#include<stdio.h>
void main()
{
char a,b;
printf("input character a,b\n");
scanf("%c%c",&a,&b);
printf("%c%c\n",a,b);
}
```

程序运行的结果如图 4.5 所示。

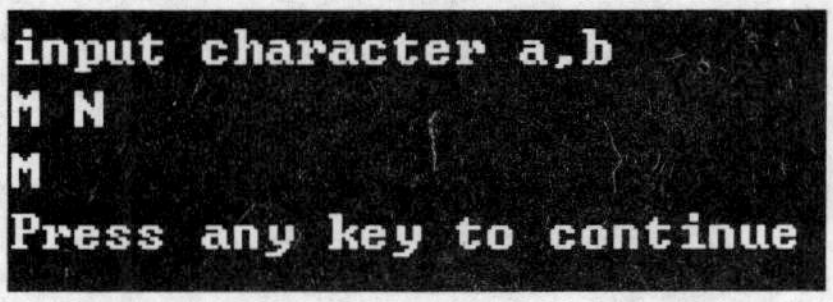

```
input character a,b
M N
M
Press any key to continue
```

图 4.5

由于 scanf 函数"%c%c"中没有空格,输入 M　N,结果输出只有 M。字符 M 送给变量 a,空格"□"送给变量 b,正确的输入方式应为:MN,MN 之间不需要空格。

【例 4.8】 从键盘输入一个整型数,输出此数的平方。

【源程序】

```
#include"stdio.h"
int main()
{
    int x,y;
    scanf("%d",&x);
    y=x*x;
    printf(" y=%d\n",y);
    return 0;
}
```

程序运行的结果如下:

输入:6

屏幕显示:y＝36

【说明】

在 Visual C++环境下,main()函数中,如果以 void 修饰,不需要返回值,则不需要 return 0;语句。如果以 int 等修饰 main()函数,需要返回值,则需要 return 0;语句。

【思考】

(1) 如何实现向整型变量 a 和字符变量 b 中输入数据?

(2) 如何实现向整型变量 a 和实型变量 b 中输入数据?

4.4　字符串的输出

计算机的屏幕上需要显示一行或多行,甚至输出由字符组成的图形或者规定格式的数据时,在 C 语言中通常应用系统函数 printf、puts 实现在屏幕上的输出。

1. 字符串的直接输出

格式:

printf("输出字符串");

【例 4.9】 阅读程序。

【源程序】

```
#include<stdio.h>
int main()
{   printf("C 语言,我学习,我努力,我进步\n");
    return 0;
}
```

程序运行的结果:

C 语言,我学习,我努力,我进步

【思考】

\n 为换行符,若在\n 后还有一些字符,则输出结果如何? 如果有多个\n,则输出结果又如何？

【任务 4.2】编写一个程序在屏幕上输出：

```
*********************
我要努力学好 C 语言！
*********************
```

2. 字符串输出函数 printf

格式：

printf("格式控制字符串",数组名)；

【例 4.10】格式控制字符串输出举例。

【源程序】

```
#include<stdio.h>
int main()
{
    char string[60]="HuBei Open University";
    printf("%s\n",string);
    return 0;
}
```

程序运行的结果：

HuBei Open University

语句 char string[60]=" HuBei Open University "；表示定义了一个 char 类型的数组,数组名为 string,分配给这个数组 60 个字符的存储空间,并在这个数组中存放一个字符串"HuBei Open University",字符串的存放从此存储空间的首地址开始。

语句 printf("%s\n",string)；中%s 为格式控制符,表示输出从首地址 string 开始存放的字符串,直到此字符串结束。不能写为：printf("%s", string[])。

printf 函数在读取字符串数据时若遇到"\0"结束标记,读取就结束了。

【任务 4.3】在【例 4.10】中,把语句 printf("%s\n",string)；修改为 printf("%s\n", string+6)；,观察程序输出的结果,并思考为什么？

3. 字符串输出函数 puts

格式：

puts (字符数组名)

功能：把字符数组中的字符串输出到显示器上, 即在屏幕上显示该字符串。在输出时将字符串结束标志'\0'转换成'\n'。

【例 4.11】编辑下列程序。

【源程序】

```
#include"stdio.h"
void main()
{
    char c[]="BASIC\ndBASE";
    puts(c);
}
```

程序运行的结果如图 4.6 所示。

从程序中可以看出 puts 函数中可以使用转义字符,因此输出结果成为两行。puts 函数完全可以由 printf 函数取代。当需要按一定格式输出时,通常使用 printf 函数。

```
BASIC
dBASE
Press any key to continue
```

图 4.6

【例 4.12】字符串的输出比较。

【源程序】

```
#include<stdio.h>
int main()
{
    char str[ ]="Hello";
    printf("%s",str);
    printf("%s",str);
    printf("\n");
    puts(str);
    puts(str);
    return 0;
}
```

程序运行的结果如图 4.7 所示。

```
HelloHello
Hello
Hello
Press any key to continue_
```

图 4.7

【任务 4.4】根据上述程序运行后显示的结果,归纳总结出 printf 函数和 puts 函数输出字符串时的区别。

4.5 字符串的输入

在程序设计中通常需要从键盘输入字符串,字符串是存放在数组中,因而此类程序设计首先要定义一个数组,然后用函数 scanf 或 gets 从键盘读入。

1. 字符串输入函数 scanf

格式:

scanf("格式控制字符串",数组名);

【例 4.13】定义一个字符数组,从键盘输入一字符串,然后输出到屏幕上。

【源程序】

```
#include<stdio.h>
int main()
{
```

```
        char st[16];
        printf("input string:\n");
        scanf("%s",st);
        printf("%s\n",st);
        return 0;
    }
```

程序运行的结果如下：

若输入：　　　askhdgsdghasdgj

则屏幕显示：askhdgsdghasdgj

本例中由于定义数组长度为 16,因此输入的字符串长度必须小于 16,以留出一个字节用于存放字符串结束标志'\0'。

【说明】

当用 scanf 函数输入字符串时,字符串中不能含有空格,否则将以空格作为串的结束符。

若在【例 4.13】中输入字符串 this is a book,则屏幕显示:this

2. 字符串输入函数 gets

格式：

gets（字符数组名）

功能：从标准输入设备键盘上读入一个字符串到字符数组中,并返回一个函数值,该函数值是字符数组的起始地址,即为该字符数组的首地址。

【例 4.14】字符串的输入比较,从键盘输入 this is a book。

【源程序】

```
    # include< stdio.h>
    int main()
    {
        char st[15];
        printf("input string:");
        gets(st);
        puts(st);
        printf("input string:");
        scanf("% s",st);
        puts(st);
        return 0;
    }
```

程序运行的结果如图 4.8 所示。

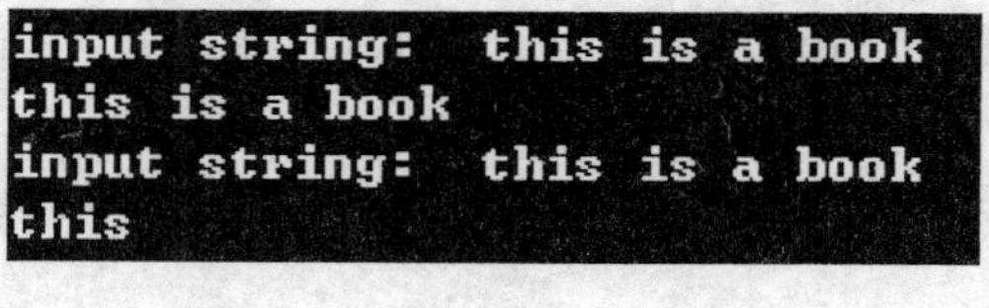

图 4.8

可以看出,当用 gets 函数输入的字符串中含有空格时,输出仍为全部字符串,说明 gets 函数并不以空格作为字符串输入结束的标志,而只以回车作为输入结束。这是与 scanf 函数不同的（scanf 函数以空格作为字符串输入结束的标志）。

【任务 4.5】 设计一个程序,定义两个字符数组,分别用于存放你的姓名与你的出生地。例如,你的姓名为张承启,出生地为湖北京山,在程序中输入:

张承启

湖北京山

程序最后输出的结果如下:

我叫张承启,湖北开放职业学院的学生,来自湖北京山

【任务 4.6】 用函数 printf 输出一个中空的三角形。

【任务 4.7】 从键盘输入一个三位的整数,分别输出它的个位数、十位数、百位数。

提示:x 的个位数、十位数、百位数的求法可用如下语句:

y1＝x％10;

x＝x/10;

y2＝x％10

x＝x/10;

y3＝x％10;

【任务 4.8】 鸡兔同笼,已知鸡兔总头数为 h,总脚数为 f,求鸡兔各多少只?（读入 h＝8,f＝22）。

【任务 4.9】 从键盘输入一个角度 x,求 $10 * sina(x)$ 的值。

【任务 4.10】 定义 4 个 double 类型的变量 x、y、c、z,从键盘读入 x、y、c,求 $z＝x^y＋c$ 的值,并输出结果。

【任务 4.11】 编写一个体重测量仪,要求从键盘输入身高和体重后,能够计算出体重指数,输入/输出要有单位。

体重指数＝体重(kg)/(身高(cm)×2)

【任务 4.12】 已知一名学生的 5 门课考试成绩（从键盘输入）,求他的平均成绩。

【任务 4.13】 编写一个将英尺转化为厘米的程序,如果用户要输入 16.9ft,则结果输出为 42.926cm(1ft＝2.54cm),输入/输出均有单位提示。

【任务 4.14】 编一程序,从键盘输入一个圆的半径值,求圆周长、圆面积、圆球表面积和圆球体积。输入结果时要求有文字说明,保留 2 位小数,圆周率定义为字符常量。

提示:设圆的半径为 r,则圆周长＝2πr,圆面积＝$πr^2$,圆球表面积 $4πr^2$,圆球体积 $4πr^3/3$。

【任务 4.15】 有 50 名运动员（编号 1001～1050）,都非常出色,现要从中选出 8 位参加田径接力赛,为公平起见,请编写程序,让计算机输出其中幸运的 8 位运动员的编号。

【任务 4.16】 在屏幕上输出 float 实型变量 x、y 的值,每个数占 6 位,小数占 2 位,则 printf( )函数应为( )。

【任务 4.17】 输入任意 5 个整数,求这 5 个整数的和及平均值。

第 5 章 分 支 结 构

计算机程序在执行过程中为完成某一特定的功能,需要控制操作语句的执行顺序,如对成绩、年龄等进行判断,并根据判断的结果选择不同的处理方法,实现对数据对象的操作。

知识点

- if 语句的三种形式
- if 语句的嵌套
- switch 语句

5.1 常用的流程图符号

流程图是一种用图解方式来说明解决一个方案所需要完成的一系列操作。流程图比文字更容易理解,更加直观,流程图中的符号及含义说明如下。

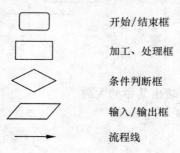

开始/结束框

加工、处理框

条件判断框

输入/输出框

流程线

5.2 if 语句的三种形式

在实际工作中,有许多问题的处理需要进行条件判断,并依据条件判断的结果成立与否来决定将要执行的操作,C 语言可以利用关系表达式或者逻辑表达式来构筑一些复杂的条件。这种根据条件选择一部分操作执行放弃另一部分操作执行,就是分支选择结构。

C 语言提供了 if 语句和 switch 语句这两种用于实现分支选择结构的控制语句。if 语句主要用于单分支、双分支和多分支条件判断结构,而 switch 语句侧重于多分支选择结构。

选择语句体现了程序的判断能力,在选择结构中,条件的表示非常重要。条件表达式的值只有"真"和"假"两种取值,由于 C 语言规定"非零即真",所以只要条件表达式的值不为零,即认为该表达式为"真"。

1. if 语句的第一种形式

if 语句的第一种形式为基本形式

if(表达式) 语句

其语义是:如果表达式的值为真,则执行其后的语句,否则不执行该语句。其过程如图 5.1 所示。

2. if 语句的第二种形式

第二种形式为:if-else

if(表达式)

　　语句 1;

else

　　语句 2;

其语义是:如果表达式的值为真,则执行语句 1,否则执行语句 2。

其执行过程如图 5.2 所示。else 前面一定有一个分号(;)。语句 1 和语句 2 是并列的两个分支,每次只能执行其中的一支。

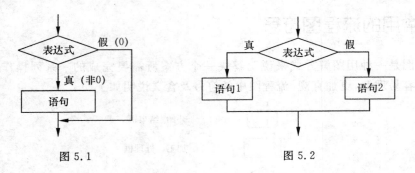

图 5.1　　　　　　　　　　　　　　图 5.2

【例 5.1】输入两个整数,输出其中的大数。

【源程序】

```
#include <stdio.h>
void main()
{
    int a, b;
    printf("input two numbers:");
    scanf("%d%d",&a, &b);
    if(a>b)
        printf("max=%d\n",a);
    else
        printf("max=%d\n",b);
}
```

在这个程序中有两个分支,程序不能按照语句的顺序一步步执行下去,而必须选择其一,若 a>b,执行语句 printf("max=%d\n",a);若 a<b,执行语句 printf("max=%d\n",b)。

程序运行结果如下:

若输入数字 23 56,则输出其中的大数 max=56。

【例 5.2】以下是源程序及运行结果。

【源程序】

```
#include<stdio.h>
void main()
{
    int m=5;
    if(m++>5)
        printf("%d\n",m+10);
    else
        printf("%d\n",m--);
}
```

程序运行结果：

6

m＋＋的值为 5,条件为假,程序执行 else 后的语句,但此时(m＝6),m－－的值为 6 (此时 m 的值 5)。

【例 5.3】编写一个 unsigned fun(unsigned w),w 是一个大于 10 的无符号整数,若 w 是 n(n≥2)位的整数,则函数求出 w 的后 n－1 位的数作为函数值返回。

例如:若 w 值为 5923,则函数返回 923;若 w 值为 923,则函数返回 23。

【程序分析】由于 unsigned 型整数在 0～65 535 之间,只要它大于 10 000,则对 10 000 求余,得出后面 4 位;如果大于 1 000,则对 1 000 求余,得出后 3 位数,这样一层一层往小的判断。由于 return 的作用除了返回值以外,还有当执行到 return 时就跳出该程序的作用,所以可以连续用 if()语句。

【源程序】

```
#include<stdio.h>
unsigned fun( unsigned w )
{
    if(w>=10000)
        return w%10000;
    if(w>=1000)
        return w%1000;
    if(w>=100)
        return w%100;
    return w%10;
}
void main()
{
    unsigned x;
    printf("enter a unsigned integer number:");
    scanf("%u",&x);
    if(x>65535||x<10)
        printf("data error!");
    else
```

```
        printf ("the result:%u\n", fun(x));
    }
```

【例 5.4】本程序演示从键盘输入 x 的值,计算并打印下列分段函数的值。

y=0   (x<60)

y=1   (60<=x<70)

y=2   (70<=x<80)

y=3   (80<=x<90)

y=4   (x>=90)

这是一个分段函数求值的问题,可以用多种方法解决。这里只给出了 if 语句实现,在 if 语句表达式中的判断要按"从大到小"或者"从小到大"的顺序排列。

【源程序】

```
#include "stdio.h"
void main()
{
    float x;
    printf("请输一个数:");
    scanf("%f",&x);
    if (x<60)
        printf("y=0\n");
    if (x>=60 && x<70)
        printf("y=1\n");
    if(x>=70 && x<80)
        printf("y=2\n");
    if(x>=80 && x<90)
        printf("y=3\n");
    if(x>=90)
        printf("y=4\n");
}
```

程序运行后的结果:

请输一个数:50,屏幕显示 y=0

请输一个数:65,屏幕显示 y=1

请输一个数:73,屏幕显示 y=2

请输一个数:88,屏幕显示 y=3

请输一个数:93,屏幕显示 y=4

【任务 5.1】编写程序,计算分段函数。

$$y=\begin{cases} x+5 & x\leq 1 \\ 2x & 1<x\leq 10 \\ \dfrac{3}{x-10} & x>10 \end{cases}$$

【任务 5.2】定义两个整型变量 x、y,并从键盘上读入一个整型数 x,如果此数大于等于 0,则把此数的平方赋给 y,否则把此数的绝对值赋给 y。

【任务 5.3】定义 3 个整型变量 x、y、z,并从键盘上读入,求出这 3 个数中的最小值。

【**任务 5.4**】输入一个整数,如果这个整数能被 3 整除,则输出该整数,否则输出这个整数的平方。

3. if 语句的第三种形式

if 语句的第三种形式为 if-else-if 形式。前两种形式的 if 语句一般都用于两个分支的情况。当有多个分支选择时,可采用 if-else-if 语句,其一般形式为:

```
if(表达式 1)
    语句 1;
else if(表达式 2)
    语句 2;
else if(表达式 3)
    语句 3;
    ...
else if(表达式 m)
    语句 m;
else
    语句 n;
```

其语义是:依次从上到下判断表达式的值,当出现某个值为真时,执行其对应的语句,然后跳到整个 if 语句之外继续执行程序;如果所有的表达式均为假,则执行语句 n,然后继续执行后续程序。if-else-if 语句的执行过程如图 5.3 所示。

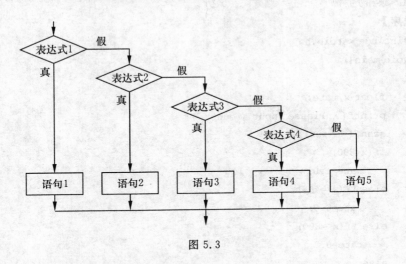

图 5.3

表达式中判断要按"从大到小"或者"从小到大"的顺序排列。

【**例 5.5**】判别键盘输入字符的类别。可以根据输入字符的 ASCII 码来判别类型。由 ASCII 码表可知 ASCII 值小于 32 的为控制字符,在"0"和"9"之间的为数字,在"A"和"Z"之间为大写字母,在"a"和"z"之间为小写字母,其余则为其他字符。

这是一个多分支选择的问题,用 if-else-if 语句编程,判断输入字符 ASCII 码所在的范围,分别给出不同的输出。例如,输入为"g",输出显示它为小写字符。

【**源程序**】

```
#include<stdio.h>
```

```
void main()
{
    char c;
    printf("input a character: ");
    c=getchar();
    if(c<32)
        printf("This is a control character\n");
    else if(c>='0'&&c<='9')
        printf("This is a digit\n");
    else if(c>='A'&&c<='Z')
        printf("This is a capital letter\n");
    else if(c>='a'&&c<='z')
        printf("This is a small letter\n");
    else
        printf("This is an other character\n");
}
```

【例 5.6】某商场给顾客购物的折扣率如下：

购物金额＜300 元　　　　　　　　不打折

300 元＜＝购物金额＜＝499 元　　9 折

500 元＜购物金额＜＝800 元　　　7 折

800 元＜购物金额　　　　　　　　5 折

【源程序】

```
#include <stdio.h>
void main()
{
    float x,rate;
    printf("\nPlease input amount: ");
    scanf("%f",&x);
    if(x<300)
        rate=1.0;
    else if(x<=499)
        rate=0.9;
    else if(x<=800)
        rate=0.7;
    else
        rate=0.5;
    printf("x=%.2f,rate=%.2f,x*rate=%.2f\n",x,rate,x*rate);
}
```

程序运行后输出结果：

Please input amount：　　　388

x＝388.00,rate＝0.90,x＊rate＝349.20

Please input amount：　　　526

x＝536.00,rate＝0.70,x＊rate＝368.00

Please input amount： 836

x=836.00,rate=0.50,x ∗ rate=418.00

【任务 5.5】已知某公司员工的保底薪水为 1 000,某月所接工程的利润 profit(整数)与提成的关系如下(计量单位:元):

profit<=1000	没有提成
1000<profit<=2000	提成 10%
2000<profit<=5000	提成 15%
5000<profit<=10000	提成 20%
10000<profit	提成 25%

计算某员工该月的收入。

【任务 5.6】编写程序,判断一个整数。该整数既是 2 的倍数,又是 3 的倍数。

【注意】

(1) 在三种形式的 if 语句中,if 关键字之后均为表达式。该表达式通常是逻辑表达式或关系表达式,但也可以是其他表达式,如赋值表达式等,甚至也可以是一个变量。

例如:

if(a=5) 语句;

if(b) 语句;

都是允许的。只要表达式的值为非 0,即为"真"。

(2) 在 if 语句中,条件判断表达式必须用括号括起来,在语句之后必须加分号。

(3) 在 if 语句的三种形式中,所有的语句应为单条语句,如果不止一条而是一组(多条)语句,就需要把这一组语句用"{ }"括起来组成一个复合语句,但要注意的是在"}"之后不能再加分号。

【思考】

从某种意义上说,能用 if-else-if 语句解决的问题都可以用单个的 if 语句解决,请分析这两种方法的差异与优缺点。

5.3 if 语句的嵌套

若 if 语句中的执行语句又是 if 语句,则构成了 if 语句嵌套的情形。

```
if(表达式 1)
    if(表达式 2)
        语句 1;
    else
        语句 2;
```

C 语言规定,else 总是与它前面最近的 if 配对。

【例 5.7】比较两个数的大小关系。

【源程序】

```
#include<stdio.h>
void main()
{
```

```
    int a,b;
    printf("please input A,B: ");
    scanf("%d%d",&a,&b);
    if(a!=b)
        if(a>b)
            printf("A>B\n");
        else
            printf("A<B\n");
    else
        printf("A=B\n");
}
```

本例中用了 if 语句的嵌套结构。采用嵌套结构实质上是为了进行多分支选择,实际上有三种选择即 A>B、A<B 或 A=B。

【例 5.8】编写一个程序,由键盘输入 3 个整数作为三角形的 3 条边,判断是否能构成三角形。如能构成一个三角形,则判断是等边三角形、等腰三角形、直角三角形还是其他一般的三角形。

设 3 个整数分别为 a、b、c,构成三角形的条件为 a+b>c&&a+c>b&&b+c>a;构成等边三角形的条件为 a==b&&b==c;构成等腰三角形的条件为 a==b||b==c||a==c;构成直角三角形的条件为 a*a+c*c==b*b||a*a+b*b==c*c||b*b+c*c==a*a。

【源程序】

```
#include <stdio.h>
void main()
{
    int a,b,c;
    printf("输入第 1 条边:");
    scanf("%d",&a);
    printf("输入第 2 条边:");
    scanf("%d",&b);
    printf("输入第 3 条边:");
    scanf("%d",&c);
    if(a+b>c&&a+c>b&&b+c>a)
    {
        printf("能构成一个三角形\n");
        if(a==b&&b==c)
            printf("能构成一个等边三角形\n");
        else if(a==b||b==c||a==c)
            printf("能构成一个等腰三角形\n");
        else if(a*a+c*c==b*b||a*a+b*b==c*c||b*b+c*c==a*a)
            printf("能构成一个直角三角形\n");
        else
            printf("能构成一个一般的三角形\n");
    }
```

```
        else
            printf ("不能构成一个三角形\n");
    }
```

程序运行后输出结果：

输入第 1 条边 :5
输入第 2 条边 :8
输入第 3 条边 :11
能构成一个三角形
能构成一个三角形

输入第 1 条边 :18
输入第 2 条边 :18
输入第 3 条边 :18
能构成一个三角形
能构成一个等边三角形

输入第 1 条边 :6
输入第 2 条边 :6
输入第 3 条边 :10
能构成一个三角形
能构成一个等腰三角形

输入第 1 条边 :18
输入第 2 条边 :24
输入第 3 条边 :30
能构成一个三角形
能构成一个直角三角形

输入第 1 条边 :3
输入第 2 条边 :8
输入第 3 条边 :19
不能构成一个三角形

【思考】

对照源程序画出流程图。

5.4　switch 语句

C 语言还提供了另一种用于多分支选择的语句——switch 语句，其一般形式为：

```
    switch(表达式){
```

```
            case 常量表达式 1: 语句 1;
            case 常量表达式 2: 语句 2;
            ...
            case 常量表达式 n: 语句 n;
            default : 语句 n+1;
        }
```

其语义是:计算表达式的值,并逐个与其后的常量表达式值相比较,当表达式的值与某个常量表达式的值相等时,即执行其后的语句(实际上是一个入口),不再进行判断,继续执行后面所有 case 后的语句,直到遇到 break 语句或者遇到 switch 的结束符"}"。如表达式的值与所有 case 后的常量表达式均不相同时,则执行 default 后的语句。

【说明】

(1) 表达式可以是整数、字符型、枚举型。

(2) 常量表达式必须与表达式的类型一致(整型与字符型通用)。

(3) 常量表达式仅起语句标号的作用,不做求值判断。

(4) 常量表达式的值必须是唯一的,即各常量表达式的值不能相同,否则会出现错误。

(5) 多个 case 语句可共用一组语句。

(6) 在 case 后,允许有多个语句,可以不用{   }括起来。

(7) 各 case 和 default 子句没有先后次序,它们的顺序可以变动,而不会影响程序执行结果。

(8) default 子句可以省略不用。

(9) 每个选择支路都以 case 开头,case 后面的标号要有":",在关键字 case 和常量表达式之间一定要有空格。例如 case 10:不能写成 case10:。

【例 5.9】输入一个数字,用中文输出其所对应的星期几的程序。

【源程序】

```c
#include<stdio.h>
void main()
{
    int a;
    printf("input integer number:");
    scanf("%d",&a);
    switch (a)
    {
        case 1:printf("Monday\n");break;
        case 2:printf("Tuesday\n"); break;
        case 3:printf("Wednesday\n");break;
        case 4:printf("Thursday\n");break;
        case 5:printf("Friday\n");break;
        case 6:printf("Saturday\n");break;
        case 7:printf("Sunday\n");break;
        default:printf("error\n");
    }
```

}

在每一 case 语句之后增加 break 语句,使其在每一次执行之后均跳出 switch 语句。

【任务 5.7】如果去掉程序中一个或者几个 break 语句,在运行程序后输入一个数字,观察结果的变化。

【例 5.10】显示某月的天数。

一月、三月、五月、七月、八月、十月、十二月均为 31 天。四月、六月、九月、十一月均为 30 天。二月闰年为 29 天,非闰年为 28 天。

判断闰年方法:(year%4==0&&year%100!=0)||(year%400==0)

【源程序】

```
#include<stdio.h>
#include<stdlib.h>
void main()
{
    int year,month,day,day2=28;
    printf("输入年 月:\n");
    scanf("%d%d",&year,&month);
    if((year%4==0&&year%100!=0)||(year%400==0))
        day2=29;
    switch(month)
    {
        case 1:
        case 3:
        case 5:
        case 7:
        case 8:
        case 10:
        case 12:day=31;break;
        case 4:
        case 6:
        case 9:
        case 11:day=30;break;
        case 2:day=day2;break;
        default:printf("月份输入错误!\n");exit(0);
    }
    printf("%d年%d月是%d 天\n",year,month,day);
}
```

【思考】

如果没有 #include<stdlib.h>这一行,编译程序会出现什么问题?

【例 5.11】编写一个简易计算器,先选择进行哪种运算,然后从键盘中输入两个数,再输出运算式和运算结果。

参与运算的两个数是从键盘输入的,先从显示的菜单中选择运算方式,然后进行相应的运算,再输出运算式和运算结果。

【源程序】

```c
#include <stdio.h>
#include<stdlib.h>
void main()
{
    char ch;
    int menu;
    float numb1,numb2,total;
    printf("\n\t希望进行哪种运算?\n\n");
    printf("\t1:加法\n");
    printf("\t2:减法\n");
    printf("\t3:乘法\n");
    printf("\t4:除法\n");
    printf("\t0:退出计算器\n");
    printf("\n\t输入你的选择：");
    scanf("%d",&menu);
    if(menu==0)
        exit(0);
    else if(menu<1||menu>4) printf("\t无效的选择!\n");
        else
        {
        printf("\t输入两个数中的第一个数：");
        scanf("%f",&numb1);
        printf("\t输入两个数中的第二个数：");
        scanf("%f",&numb2);
        switch(menu)
          {
            case 1:total=numb1+numb2;ch='+';break;
            case 2:total=numb1-numb2;ch='-';break;
            case 3:total=numb1*numb2;ch='*';break;
            case 4:total=numb1/numb2;ch='/';break;
          }
        printf("\n\n\t*********************");
        printf("\n\n\t %.2f %c %.2f=%.2f",numb1,ch,numb2,total);
        printf("\n\n\t*********************\n");
        }
}
```

程序运行后输出结果：

希望进行哪种运算？

1:加法
2:减法

3:乘法

4:除法

0:退出计算器

输入你的选择:1

输入两个数中的第一个数:18

输入两个数中的第二个数:27

****

18.00 ＋27.00＝45.00

****

希望进行哪种运算?

1:加法

2:减法

3:乘法

4:除法

0:退出计算器

输入你的选择:4

输入两个数中的第一个数:96

输入两个数中的第二个数:18

****

96.00/18.00＝5.33

****

【任务 5.8】除数不能为零,重新编写上例程序避免除数为零的情况。

提示:判断变量 numb2 不等于 0 的关系表达式不能表示为 numb2!＝0,而应设为 fabs(numb2)＞1e－6。

【任务 5.9】模仿【例 5.11】输入一个实数,编写程序,实现如下功能。

屏幕上显示如下菜单:

1.输出相反数

2.输出平方数

3.输出平方根

4.输出正弦值

5.退出

输入 1,输出该数的相反数;输入 2,输出该数的平方数;输入 3,输出该数的平方根;输入 4,输出该数的正弦值;输入 5,则退出此程序;输入 1~5 之外的数,显示"请输入 1~5 之间的数字"。

5.5 程序举例

【例 5.12】编写一个程序,输入一个整数,打印输出它是奇数还是偶数。

【源程序】

```
#include<stdio.h>
void main()
{
    int a;
    printf("input one number:");
    scanf("%d",&a);
    if(a%2==0)
        printf(" %d is even number\n",a); /* 偶数 */
    else
        printf("%d is odd number\n"); /* 奇数 */
}
```

程序运行后输出结果:

input one number：10

10 is even number

input one number：17

170 is odd number

【例 5.13】编写一个计算器程序。若用户输入运算数和四则运算符,则输出计算结果。

【源程序】

```
#include<stdio.h>
void main()
{
    float a,b;
    char c;
    printf("input expression: a+(-, *,/)b \n");
    scanf("%f%c%f",&a,&c,&b);
    switch(c)
    {
        case '+': printf("a+b=%f\n",a+b);break;
        case '-': printf("a-b=%f\n",a-b);break;
        case '*': printf("a*b=%f\n",a*b);break;
        case '/': printf("a/b=%f\n",a/b);break;
        default: printf("input error\n");
    }
}
```

本例可用于四则运算求值。switch 语句用于判断运算符,然后输出运算值。当输入运算符不是＋，－，＊,/时给出错误提示。

程序运行后输出结果：

input expression：a＋(－,＊,/)b

16＋19

a＋b＝35.000000

input expression：a＋(－,＊,/)b

16＊19

a＊b＝304.000000

【例 5.14】输入一个字符,如果它是一个大写字母,则把它变成小写字母;如果它是一个小写字母,则把它变成大写字母;其他字符不变。

【源程序】

```
#include<stdio.h>
void main()
{
    char ch;
    scanf("%c",&ch);
    if (ch>='A' && ch<='Z')
        ch+=32;
    else if (ch>='a' && ch<='z')
        ch-=32;
        printf("%c\n",ch);
}
```

【例 5.15】输入一个小写字母,将字母循环后移 5 个位置后输出。如'a'变成'f','w'变成'b'。

【源程序】

```
#include"stdio.h"
void main()
{
    char ch;
    ch=getchar();
    if (ch>='a' && ch<='u')
        ch+=5;
    else if (ch>='v' && ch<='z')
        ch-=21;
        putchar(ch);
}
```

【任务 5.10】编写一收费程序,收费方式如下:重量不超过 50 千克的,每千克运费1.5元;超过 50 千克的,其超过部分每千克加收 0.6 元。输出一份重量与运费的对照表,重量从 5 千克到 150 千克,每 5 千克输出 1 次。

【任务 5.11】用 switch 语句编写程序,功能是输入考试成绩,90 分以上为 A,80～89分为 B,70～79 分为 C,60～69 分为 D,60 分以下为 E。

【任务 5.12】输入年、月、日，计算出今天是当年的第几天？

【任务 5.13】企业发放的奖金根据利润提成。利润低于或等于 10 万元的，奖金可提 10%；高于 10 万元，低于 20 万元的，高于 10 万元的部分，可提成 7.5%；20 万到 40 万之间的，高于 20 万元的部分按 5%提成；40 万到 60 万之间的，高于 40 万元的部分按 3%提成；60 万到 100 万之间的，高于 60 万的部分按 1.5%提成；高于 100 万的部分按 1%提成，从键盘输入当月利润，求应发奖金总数。

【任务 5.14】判断一个学生成绩的"优、良、中、差"。

假如从键盘输入的字母是"A"，输出评语"You are Excellent!"；

如果输入"B"，输出评语"You are well!"；

如果输入"C"，输出评语"You are passing!"；

如果输入"D"，输出评语"You are not passing!"。

如果输入的不是这四个字母，则出现提示"Input error!"

请编写一个程序，实现该判断功能。

【任务 5.15】编程实现：输入一个整数，判断它是否能被 3、5、7 整除，并输出以下信息之一：

（1）能同时被 3、5、7 整除；

（2）能被其中两数（要指出哪两个）整除；

（3）能被其中一个数（要指出哪一个）整除；

（4）不能被 3、5、7 整除。

【任务 5.16】编写一个程序，根据用户输入的字母判定其代表星期几。

【任务 5.17】9989 密码电话卡是南京电信 1999 年推出的服务，具体话费如下：

市内电话 0.23 元/分，区间电话 0.5 元/分，省内 0.6 元/分，省外 800 公里以内 0.8 元/分，省外 800 公里以外 1.0 元/分，中国港澳台地区 5.0 元/分。编程实现：输入通话方式（可以用数字或字母代替），输出相应的收费标准。

【任务 5.18】编制程序要求输入整数 a 和 b，若 a^2+b^2 大于 100，则输出 a^2+b^2 的值，否则输出两数之和。

【任务 5.19】试编程序判断输入的正整数是否既是 5 又是 7 的整数倍。若是，则输出 yes；否则，则输出 no。

【任务 5.20】一种商品的单价是 2.85，购买 10 件以上优惠 5%，购买 100 件以上优惠 10%，输入购买件数，输出应收的货款。

【任务 5.21】输入考试成绩，80～100 分输出评语"very good!"，60～79 分输出评语"good!"，40～59 分输出评语"fair"，0～39 分输出评语"poor"。

第6章 循环结构

循环结构是程序中一种很重要的结构。其特点是,在给定条件成立时,反复执行某程序段,直到条件不成立为止(时钟:有电时转动,无电时停止)。给定的条件称为循环条件,反复执行的程序段称为循环体。

循环是许多问题解决方案的基本组成部分,特别是那些涉及大量数据的问题。一般来说,解决这类问题的程序需要对每个数据执行同样的操作。

循环的本质是指在循环条件为"真"时反复执行的一组命令。

知识点

- 三种循环
- 循环的嵌套

6.1 while 循环语句

对于循环次数事先能够确定的问题,一般使用 for 循环来解决。对于只知道控制条件,不能预先确定循环次数的情况,可以使用 while 循环。

while 循环语句的一般形式为:

while(表达式)

{

　　语句

}

其中,表达式是循环条件,语句为循环体。while 循环流程如图 6.1 所示。

while 循环的语义是:计算表达式的值,当值为真(非 0)时,执行循环体语句;当值为假(0)时结束循环。其执行过程见图 6.1。

使用 while 循环应注意以下几点。

(1) while 循环中的表达式一般是关系表达式或逻辑表达式,只要表达式的值为真(非 0)即可继续循环。

(2) 循环体如包括一个以上的语句,则必须用{ }括起来,组成复合语句。

(3) 循环前,必须给循环变量赋初值。

(4) 循环体中,必须有改变循环控制变量值的语句(使循环趋向结束的语句)。

(5) 循环体可以为空。

【例 6.1】用 while 语句求 $1+2+3+\cdots+99+100$ 的和。

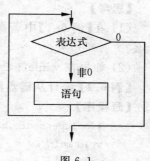

图 6.1

计算 1～100 的和,是重复做 100 次加法,首先定义变量 sum 及用于循环的变量 i,每循环一次,做一次 sum＝sum＋i 运算,且循环变量 i 自增长 1,当 i 增加到 101 时循环结束。程序流程如图 6.2 所示(用传统流程图和 N-S 结构流程图表示)。

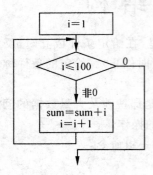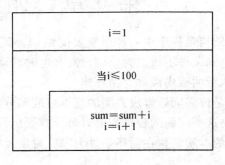

图 6.2

【源程序】

```
#include<stdio.h>
void main()
{
    int i,sum=0;
    i=1;
    while(i<=100)
    {
        sum=sum+i;
        i++;
    }
    printf("sum=%d\n",sum);
}
```

程序运行后输出的结果:sum＝5050。

【思考】

(1) 在【例 6.1】中若循环体的大括号省略,则在程序运行时会出现什么情况? 为什么?

(2) 如果在 while(i＜＝100)语句后加上";",则程序运行后结果又如何?

【例 6.2】统计从键盘输入一行字符的个数。

【源程序】

```
#include<stdio.h>
void main()
{
    int n=0;
    printf("input a string:\n");
    while(getchar()!='\n')
        n++;
    printf("你总共输入 %d 字符\n",n);
}
```

程序运行的结果如图 6.3 所示。

图 6.3

本例程序中的循环条件为 getchar()！＝'\n'，其意义是，只要从键盘输入的字符不是回车就继续循环。循环体 n++完成对输入字符个数计数，从而实现对输入一行字符的字符个数的计数。

【任务 6.1】求 m 到 n 的偶数之和，m、n 从键盘输入。

【任务 6.2】按每 5 个一组输出 0～100 的所有奇数。

【任务 6.3】按每 6 个一组输出 0～100 的所有偶数。

6.2 do-while 循环语句

do-while 循环语句的一般形式为：
```
    do
{
    语句
}
    while(表达式);
```
这个循环与 while 循环语句的不同在于：它先执行循环中的语句，然后判断表达式是否为真，如果为真则继续循环；如果为假，则终止循环。因此，do-while 循环至少要执行一次循环语句。其执行过程如图 6.4 所示。

【例 6.3】求 5! 的值(5! ＝1×2×3×4×5)。

设乘积 f 的初始值为 1，乘积项 n 的初始值也为 1，每循环一次，f 与 n 相乘，得到一个新的 f，再与 n 相乘，如此反复直到 n>5。退出循环后，输出 f，即为所求的值。

图 6.4

【源程序】
```c
#include<stdio.h>
void main()
{
    int n=1;
    long int f=1;
    do
    {
        f=f *n;
        n++;
    }
    while(n<=5);
```

```
        printf("5!=%ld\n",f);
    }
```

程序运行后输出的结果:5! =120。

【任务6.4】如何求 $2 \times 4 \times 6 \times \cdots \times 10$ 的乘积。

【任务6.5】编写程序求 C_n^m,m、n 从键盘输入。

6.3 for 循环语句

在 C 语言中,for 循环语句的使用最为灵活。它的一般形式为:

for(表达式1;表达式2;表达式3)

　　语句

它的执行过程如下:

(1) 先求解表达式 1。

(2) 求解表达式 2,若其值为真(非 0),则执行 for 语句中指定的内嵌语句(循环体)。

(3) 求解表达式 3。

(4) 转回上面第(2)步继续执行。

(5) 在求解表达式 2 时,若其值为假(0),则结束循环,执行 for 语句下面的一个语句。

其执行过程如图 6.5 所示。

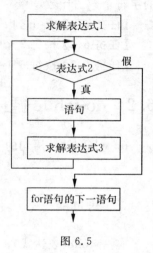

图 6.5

【注意】

(1) for 循环中的"表达式 1(循环变量赋初值)"、"表达式 2(循环条件)"和"表达式 3(循环变量增量)"都是选择项,都可以缺省,但";"不能缺省。

(2) 表达式 1 和表达式 3 可以是一个简单表达式,也可以是逗号表达式。

for(sum=0,i=1;i<=100;i++)sum=sum+i;

或　for(i=0,j=100;i<=100;i++,j--)k=i+j;

(3) 表达式 2 一般是关系表达式或逻辑表达式,但也可以是数值表达式或字符表达式,只要其值非零,就执行循环体。

例如:

for(i=0;(c=getchar())! ='\n';i+=c);

【思考】

(1) 当循环变量增量为 2 时,在 for 循环的"表达式 3(循环变量增量)"中如何表示?

(2) 当循环变量增量为 5 时,在 for 循环的"表达式 3(循环变量增量)"中如何表示?

【例6.4】下面程序的功能是计算 1 到 100 中是 7 的整数倍的数值之和。

【源程序】

```
#include<stdio.h>
void main()
{
    int i,sum=0;
    for(i=1;i<=100;i++)
        if (!(i%7))
```

```
        sum+=i;
        printf("sum=%d\n",sum);
    }
```

程序运行的结果为:sum＝735。

【任务 6.6】小学生智商测试。让电脑随机出 10 道 100 以内整数的加法题(10 分/题),小学生从键盘回答问题,统计小学生最后的得分。

【任务 6.7】利用 for 循环求 2 到 200 内偶数的和。

【任务 6.8】从键盘输入正整数,按逆序输出到屏幕上,如输入 325,则输出 523,若大于 32767,则在屏幕上提示输入数据错误。

【任务 6.9】在【例 6.4】中,如果需要打印出 1～100 中的 7 的整数倍的数,须对【例 6.4】的源程序如何改进?

【例 6.5】一球从 100 米高度自由落下,每次落地后反跳回原高度的一半,再落下。求此球在第 10 次落地时,共经过多少米? 第 10 次反弹多高?

【源程序】

```
#include<stdio.h>
void main()
{
    float sn=100.0,hn=sn/2;
    int n;
    for(n=2;n<=10;n++)
    {
        sn=sn+2 *hn;                /* 第 n 次落地时共经过的米数 */
        hn=hn/2;                    /* 第 n 次反跳的高度 */
    }
    printf("the total of road is %f\n",sn);
    printf("the tenth is %f meter\n",hn);
}
```

程序运行的结果为:

the total of road is 299.609375

the tenth is 0.097656 meter

6.4　循环的嵌套

循环的嵌套是指在一个循环体内又包含了另一个完整的循环。循环的嵌套执行过程是外循环执行一次,内循环执行一遍,在内循环结束后,再进行下一次外循环,如此反复,直到外循环结束。例如,时钟的时针、分针、秒针。一般内循环执行快,外循环执行慢。

循环的嵌套对 for 循环、do-while 循环和 while 循环语句均适用,而且这三种循环语句间还可以互相嵌套。

循环的嵌套应注意:

(1) 外循环必须完全包含内循环,不能交叉。

(2) 在多重循环中,各层循环的循环控制变量不能同名。

(3) 在多重循环中,并列循环的循环控制变量名可以相同,也可以不同。

【例 6.6】输出一张九九乘法表。

用两个嵌套 for 循环,外循环执行 9 次,每一次包含一个内 for 循环,用来打印 1 行。
这样两个 for 循环打印 9 行。

【源程序】

```
#include<stdio.h>
void main()
{
    int i, j;
    for(i=1; i<10; i++)
        printf("%8d",i);
    printf("\n----------------------------------------------------\n");
    for (i=1; i<10; i++)
    {
        for(j=1; j<=i; j++)
            printf("%2d*%d=%-3d",i,j,i*j);/* -3d 表示左对齐,占 3 位 */
        printf("\n");                      /* 每一行后换行 */
    }
}
```

程序执行后在屏幕上输出,如图 6.6 所示。

【例 6.7】 将一张面值为 100 元的人民币等值换成 5 元、1 元、0.5 元的零钞,要求每种
零钞不少于一张,有哪几种组合?

【源程序】

```
#include<stdio.h>
void main()
{
    int i,j,k;
    printf("5元  1元  5角\n");
    for(i=1;i<=20;i++)                    /* 5元最多 20 张 */
        for(j=1;j<=100-i;j++)
        {
            k=100-i-j;
            if(5*i+1*j+0.5*k==100)
                printf("%-5d %-5d %-5d\n",i,j,k);
        }
}
```

程序执行后在屏幕上输出,如图 6.7 所示。

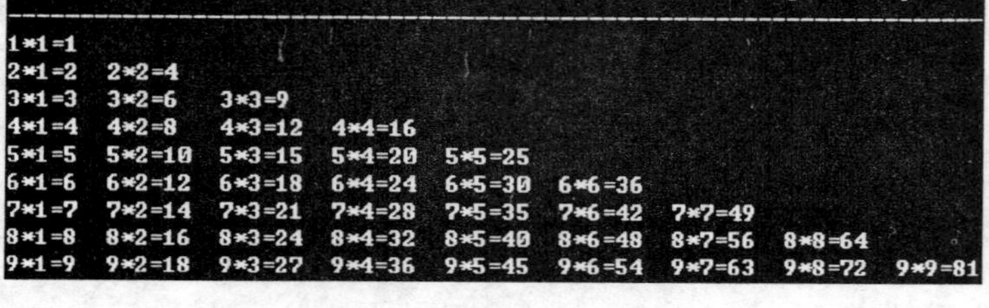

图 6.6

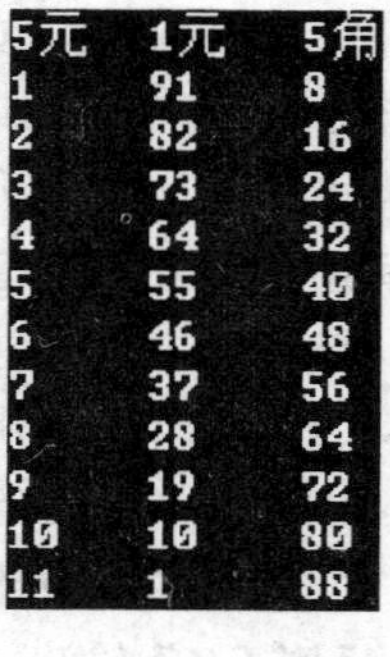

图 6.7

6.5 break 和 continue 语句

1. break 语句

当 break 用于开关语句 switch 中时,可使程序跳出 switch 而执行 switch 以后的语句。当 break 语句用于 do-while、for、while 循环语句中时,可使程序终止循环而执行循环后面的语句,不再判断执行循环的条件是否成立,即使满足循环条件时也跳出循环。在多层循环中,一个 break 语句只向外跳一层。

break 语句不能用于循环语句和 switch 语句之外的任何其他语句中。

【例 6.8】阅读下面的程序,指出输出结果。

【源程序】

```
#include<stdio.h>
void main()
{
    int i=0;
    while (i<1000)
    {
        if (i==5)
            break;
        else
            printf("%d\n",i);
            i++;
    }
    printf("the loop break out");
}
```

程序执行后在屏幕上输出:

0
1
2
3
4

2. continue 语句

continue 语句的作用是结束本次循环(而不是终止整个循环的执行),即跳过循环体中下面尚未执行的语句,接着进行下一次是否执行循环的判定。

【例 6.9】阅读下面的程序,指出输出结果。

【源程序】

```
#include<stdio.h>
void main()
{
    int i=0;
```

```
        while (++i<10)
        {
            if (i==5)
                continue;
            printf("%d\n",i);
        }
    }
```

程序执行后在屏幕上输出：

1

2

3

4

6

7

8

9

【例 6.10】把 100～200 之间的不能被 3 整除的数按 5 个一组输出。

【源程序】

```
    #include<stdio.h>
    void main()
    {
        int i=0,n;
        for (n=100;n<=200;n++)
        {
            if (n%3==0)
                continue;
            printf("%4d",n);
            i++;
            if(i%5==0)
                printf("\n");
        }
        printf("\n");
    }
```

当 n 能被 3 整除时,执行 continue 语句,结束本次循环(即跳过 printf 函数语句),只有在 n 不能被 3 整除时才执行 printf 函数。

【任务 6.10】调试【例 6.10】,输出屏幕显示的结果。

6.6　图形

【例 6.11】在屏幕上输出如图 6.8 所示的图形。

【分析】

(1) 图形每项的起始位置相同。

(2) 每行的字符数相同。

用一重循环控制输出行数即可。

【源程序 1】

```c
#include<stdio.h>
void main()
{
    int row=1;
    for(;row<=6;row++)
        printf("**********\n");
}
```

【源程序 2】

外循环控制输出行数,内循环控制输出"*"的个数。

```c
#include<stdio.h>
void main()
{
    int row,col;
    for(row=1;row<=6;row++)
    {
        for(col=1;col<=10;col++)
            printf("*");
        printf("\n");
    }
}
```

【例 6.12】在屏幕上输出如图 6.9 所示的图形。

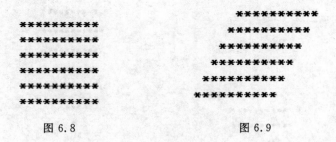

图 6.8　　　　　　　　　　　图 6.9

【分析】

(1) 每行的起始位置不同,空格数递增 1。

(2) 每行的字符数相同。

(3) 用二重循环实现:外循环控制输出行数,内循环控制输出的空格数。

【源程序】

```c
#include<stdio.h>
void main()
```

```
    {
        int row ,col;
        for(row=1;row<7;row++)
        {
            for(col=1;col<=10-row;col++)
                printf(" ");
            printf(" **********\n"); }
    }
```

【思考】

把" ********** "也用循环实现,重新设计图 6.9 的程序。

【例 6.13】在屏幕上输出如图 6.10 所示的图形。

【源程序】

```
    #include<stdio.h>
    void main()
    {
        int b=5,i,j,k;
        for(k=1;k<=11;k++ k++)
        {
            for(j=1;j<=b;j++) printf(" ");
            b--;
            for(i=1;i<=k;i++) printf(" * ");
            printf("\n");
        }
    }
```

```
                        *
                       ***
                      *****
                     *******
                    *********
                   ***********
                    *********
                     *******
                      *****
                       ***
                        *
```

```
        *
       ***
      *****
     *******
    *********
   ***********
```

图 6.10   图 6.11

【例 6.14】在屏幕上输出如图 6.11 所示的图形。

【源程序】

```
    #include<stdio.h>
    void main()
    {
        int b=5,i,j,k;
```

```
for(k=1;k<=11;k++,k++)
{
    for(j=1;j<=b;j++) printf(" ");
    b--;
    for(i=1;i<=k;i++) printf("*");
    printf("\n");
}
  b=1;
  for(k=9;k>=1;k--,k--)
  {
    for(j=1;j<=b;j++) printf(" ");
    b++;
    for(i=1;i<=k;i++) printf("*");
    printf("\n");
  }
}
```

【例 6.15】在屏幕上输出如图 6.12 所示的图形。

```
ABCDEFGHILKLM*NOPQRSTUVWXYZ
BCDEFGHILKLM*NOPQRSTUVWXY
CDEFGHILKLM*NOPQRSTUVWX
DEFGHILKLM*NOPQRSTUVW
EFGHILKLM*NOPQRSTUV
FGHILKLM*NOPQRSTU
GHILKLM*NOPQRST
HILKLM*NOPQRS
ILKLM*NOPQR
LKLM*NOPQ
KLM*NOP
LM*NO
M*N
*
```

图 6.12

【源程序】

```
#include<stdio.h>
void main()
{
    int i,j,k,m;
    for(i=0;i<=13;i++)
    {
        for(m=0;m<=i;m++)     printf(" ");
        for(j=i;j<=12;j++)    printf("% c",j+65);
```

```
        printf("*");
        for(k=13;k<=25-i;k++)     printf("%c",k+65);
        printf("\n");
    }
}
```

【任务 6.11】在屏幕上输出如图 6.13 所示的图形。

【任务 6.12】在屏幕上输出如图 6.14 所示的图形。

【任务 6.13】在屏幕上输出如图 6.15 所示的图形。

```
                          1              *
                          22             22
        *                 333            ***
        ***               444            4444
        *****             55555          *****
        *******           666666         666666
        *********         7777777        *******
        ***********       88888888       88888888
                          999999999      *********
```

图 6.13   图 6.14   图 6.15

【任务 6.14】在屏幕上输出如图 6.16 所示的图形。

【任务 6.15】在屏幕上输出如图 6.17 所示的圣诞树。

```
                1
               121
              12321
             1234321
            123454321
           12345654321
          1234567654321
         123456787654321
```

图 6.16

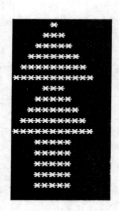

图 6.17

6.7 程序举例

【例 6.16】编写程序,求 $1-3+5-7+\cdots-99+101$ 的值。

【源程序】

```
#include<stdio.h>
void main()
{
```

```
        int i,s=1,t,sum=0;
        for(i=1;i<=101;i+=2)
        {
            s=-s;                        /* 正负号的转换 */
            t=s*i;
            sum=sum+t;
        }
        printf("sum =%d\n",sum) ;
    }
```

程序运行后输出的结果是:sum=-51。

【例6.17】一个百万富翁遇到一个穷人,穷人找他谈一个换钱的计划,该计划如下:我每天给你十万元,而你第一天只需给我一元钱,第二天我给你十万元,你给我二元钱,第三天我仍然给你十万元,你给我四元钱……你每天给我的钱是前一天的二倍,我每天给你十万,直到满一个月(30天)。百万富翁很高兴,欣然接受了这个契约。请编写一个程序计算这一个月中穷人给了百万富翁多少钱? 百万富翁给了穷人多少钱?

分析:定义二个变量,s记录百万富翁给穷人的钱;t记录穷人给百万富翁的钱(以元为单位)。

第一天:s=1	t=100000
第二天:s=1+2	t=100000+100000
第三天:=1+2+4	t=100000+100000+100000
……………	……………
第30天:=1+2+4+…+2^{29}	t=100000×30

【源程序】

```
    #include<stdio.h>
    void main()
    {
        int i;
        long int a=1,s=1,t=100000;
        for(i=1;i<30;i++)
        {
            a=a*2;
            s=s+a;
            t=t+100000;
        }
        printf("\ns=%ld,t=%ld\n",s,t);
    }
```

程序运行后输出的结果为:
s=1073741823,t=3000000

【例6.18】用公式 $\dfrac{\pi}{4}=1-\dfrac{1}{3}+\dfrac{1}{5}-\dfrac{1}{7}+\cdots$ 求 π。

分析:N-S流程图如图6.18所示。

【源程序】

```
#include<stdio.h>
#include<math.h>
void main()
{
    int s=1;
    float n=1.0,t=1.0,pi=0;
    while(fabs(t)>1e-6)
    {
        pi=pi+t;
        n=n+2;
        s=-s;
        t=s/n;
    }
    pi=pi*4;
    printf("pi=%10.6f\n",pi);
}
```

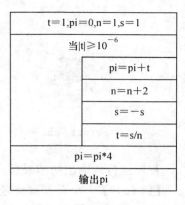

图 6.18

程序运行后输出的结果为：

pi＝3.141594

【任务 6.16】 求 100 至 200 间的全部素数。

【任务 6.17】 一个正整数与 3 的和是 5 的倍数，与 3 的差是 6 的倍数，编写一个程序求符合条件的最小数。

【任务 6.18】 小森今年 12 岁，他母亲比他大 20 岁，编写一个程序计算出他母亲在几年后比他的年龄大一倍，那时他们两人的年龄各是多少？

【任务 6.19】 用数字 0～9 可以组成多少个没有重复的三位偶数。

【任务 6.20】 从键盘输入任意多个正整数（以数值"0"作为结束标志），统计数据的个数、累计和、平均数。

【任务 6.21】 逐个输入 n 个学生的两门课成绩，统计有一门课不及格的人数和两门课不及格的人数各是多少。

【任务 6.22】 逐个输入整型数 x，分别统计其中正整数及负整数的个数。如果输入的数为 0，则停止输入，计算正整数和负整数的平均值。

【任务 6.23】 输入一行字符，统计它有多少个字母。

第7章 数 组

前面使用的数据类型都属于基本类型(整型、实型、字符型)。其特点是:每个变量单独存储,无任何联系,亦称简单变量。计算机处理数据时,经常会出现用某种形式组织的或者有特定规律的数据,例如:随温度改变而改变的数据,按学号排列的成绩表,线性方程组的系数矩阵。这些数据在 C 语言中可以用数组来描述。

知识点

- 一维数组
- 二维数组
- 字符数组
- 字符串数组
- 数组的应用

在程序设计中,为了处理方便,把具有相同类型的若干变量按有序的形式组织起来,这些按序排列的同类数据元素的集合称为数组。数组具有如下共同的特征。

(1)数据是有序的。数组是由若干分量(元素)组成的,数组元素之间按顺序排列,以下标或者索引确定它们的相对位置。

(2)数据是同质的。同一数组的每个元素是同类型的数据(可取任何数据类型)。

用一符号名表示这一系列数据称为数组名。数组名后跟一下标来唯一地确定数组中的元素。数组名:表示群体的共性(具有同一种类型)。下标:表示个体的个性(各自占有独立的单元)。

7.1 一维数组的定义和存储

(1)在 C 语言中使用数组必须先定义。

一维数组的定义方式为:

类型说明符 数组名 [常量表达式];

其中,类型说明符是任一种基本数据类型或构造数据类型,数组名遵循标识符的命名规则,方括号中的常量表达式表示数据元素的个数,也称为数组的长度。

例如:

int a[10];　　　　说明整型数组 a,有 10 个元素。

float b[30];　　　　说明实型数组 b,有 30 个元素。

char ch[20];　　　　说明字符数组 ch,有 20 个元素。

对于数组说明应注意以下几点。

① 数组的类型实际上是指数组元素的取值类型。对于同一个数组,其所有元素的数据类型都是相同的。

② 数组名的书写规则应符合标识符的书写规则。

③ 数组名和指针有着密切的关系，可以通过指针的移动来对数组元素进行操作。

④ 数组名后只能用方括号括起来的常量表达式（常量和符号常量）。如以下用法不正确：

a(10),x[n]

⑤ 方括号中常量表达式表示数组元素的个数，如 a[5]表示数组 a 有 5 个元素。对任何数组，其下标从 0 开始计算。因此，数组 a 的 5 个元素分别为 a[0],a[1],a[2],a[3],a[4]。

⑥ 不能在方括号中用变量来表示元素的个数，但方括号中可以是符号常数或常量表达式。

例如：
```
#define BE   8
void main()
{
int a[6+2],b[3+BE];
    …
}
```
是合法的。但是下述说明方式是错误的。
```
void main()
{
int n=5;
int a[n];
    …
}
```

⑦ 注意数组定义和数组元素引用的区别。数组元素中的下标变量和数组定义在形式上有些相似，但这两者具有完全不同的含义。数组定义的方括号中给出的是某一维的长度，即可取下标的最大值；而数组元素中的下标是该元素在数组中的位置标识。前者只能是常量，后者可以是常量、变量或表达式。

注意下标的最大取值。

【任务 7.1】若有定义

double w[10]

则 w 数组元素的上限是多少？下限是多少？

（2）一维数组的存储。

C 编译程序是怎样管理一个数组呢？用连续的内存单元存放各个元素，数组名表示数组在内存中的首地址，保存数组所需的内存量与数组元素的基本类型和数组的大小有关，总字节数等于=sizeof(基本类型 * 数组元素的个数)。

7.2　一维数组的初始化

数组初始化赋值是指在数组定义时给数组元素赋初值，初始化赋值的一般形式为：

类型说明符 数组名[常量表达式]={值,值,…,值};

其中,在{ }中的各数据值即为数组各元素的初值,各值之间用逗号间隔。

例如:

int a[10]={ 0,1,2,3,4,5,6,7,8,9 };

相当于

a[0]=0;a[1]=1…a[9]=9;

C 语言对数组的初始化赋值还有以下几点规定。

(1) 可以只给部分元素赋初值。

当{ }中值的个数少于元素个数时,只给前面部分元素赋值。

例如:

int a[10]={0,1,2,3,4};

表示只给 a[0]~a[4]5 个元素赋值,而第 5 个元素后的元素自动赋 0 值。

(2) 只能给元素逐个赋值,不能给数组整体赋值。

例如,给 10 个元素全部赋 1 值,只能写为:

int a[10]={1,1,1,1,1,1,1,1,1,1};

而不能写为:

int a[10]=1;

【思考】

这样写对吗? int a[10]= {1};其所代表的意义是什么?

(3) 如给全部元素赋值,则在数组定义中,可以不给出数组元素的个数。但若被定义数组长度与提供初值的个数不相同,则数组长度不能省略。

例如:

int a[5]={1,2,3,4,5};

可写为:

int a[]={1,2,3,4,5};

(4) 必须将各数组元素的初值放在一对花括号内。编译程序按数组元素的存放顺序依次对其赋值。对静态数组(static)而言,没有初始化数组元素,系统会将它自动置 0。

【例 7.1】数组的初始化。

【源程序】

```c
#include <stdio.h>
void main()
{
    int a[5]={1,2,3,4,5};
    int b[5]={1,2,3};
    int c[ ]={1,2,3,4,5};
    static int d[5];
    int e[5];
    int i;
    for(i=0;i<5;i++) printf("a[%d]=%-3d",i,a[i]);printf("\n");
    for(i=0;i<5;i++) printf("b[%d]=%-3d",i,b[i]);printf("\n");
    for(i=0;i<5;i++) printf("c[%d]=%-3d",i,c[i]);printf("\n");
```

```
        for(i=0;i<5;i++) printf("d[%d]=%-3d",i,d[i]);printf("\n");
        for(i=0;i<5;i++) printf("e[%d]=%-3d",i,e[i]);printf("\n");
    }
```

程序运行后输出的结果如图 7.1 所示。

```
a[0]=1  a[1]=2  a[2]=3  a[3]=4  a[4]=5
b[0]=1  b[1]=2  b[2]=3  b[3]=0  b[4]=0
c[0]=1  c[1]=2  c[2]=3  c[3]=4  c[4]=5
d[0]=0  d[1]=0  d[2]=0  d[3]=0  d[4]=0
e[0]=-858993460e[1]=-858993460e[2]=-858993460e[3]=-858993460e[4]=-858993460
```

图 7.1

【思考】数组 e 中输出的数组元素为什么是乱码？

7.3 一维数组元素的引用

数组元素是组成数组的基本单元,C 语言规定只能逐个引用数组元素,而不能一次引用整个数组。数组元素的标识方法为数组名后跟一个下标,下标表示元素在数组中的顺序号。

数组元素的一般形式为：

数组名[下标]

其中,下标只能为整型常量或整型表达式。如为小数,C 编译将自动取整。

例如,输出有 10 个元素的数组必须使用循环语句逐个输出各下标变量：

for(i=0; i10; i++)
　　printf("%d",a[i]);

而不能用一个语句输出整个数组。

下面的写法是错误的：

printf("%d",a);

【例 7.2】定义含有 10 个元素的数组,按顺序和逆序输出各元素的值。

【源程序】

```
#include <stdio.h>
void main()
{
    int i;
    int a[10]={21,22,23,24,25,26,27,28,29,30};
    for(i=0; i<10; i++)
        printf("%4d",a[i]);          /* 顺序输出 */
    printf("\n");
    for(i=9; i>=0; i--)
        printf("%4d",a[i]);          /* 逆序输出 */
    printf("\n");
}
```

程序运行后输出的结果如图 7.2 所示。

```
21  22  23  24  25  26  27  28  29  30
30  29  28  27  26  25  24  23  22  21
```

图 7.2

【任务 7.2】定义 10 个元素的 int 型数组,数组元素从键盘输入,求数组中所有元素之和。

【任务 7.3】定义 12 个元素的 int 型数组,按每四个一排输出数组的元素。

7.4 二维数组的定义

二维数组是多维数组中最简单、最常用的数组。

(1) 二维数组定义的一般形式是:

类型说明符　数组名[常量表达式 1][常量表达式 2]

其中,常量表达式 1 表示第一维下标的长度,常量表达式 2 表示第二维下标的长度。下标 1:称为行下标;下标 2:称为列下标。

例如:

int a[3][4];

不能写成

int a[3,4], a(3,4)

定义了一个三行四列的数组,数组名为 a,其下标变量的类型为整型。该数组的下标变量共有 3×4 个,即:

a[0][0],a[0][1],a[0][2],a[0][3]-----也称为 a[0]

a[1][0],a[1][1],a[1][2],a[1][3]-----也称为 a[1]

a[2][0],a[2][1],a[2][2],a[2][3]-----也称为 a[2]

(2) C 语言中的二维数组可以看做是一种特殊的一维数组。

数组是一种构造类型的数据,二维数组可以看成一种特殊的数组,它可以看做是由一维数组的嵌套而构成的,一个二维数组可以分解为多个一维数组,C 语言允许这种分解。

如二维数组 a[3][4],可分解为三个一维数组,其数组名分别为:

a[0]

a[1]

a[2]

对这三个一维数组不需另作说明即可使用。这三个一维数组都有 4 个元素,例如:一维数组 a[0]的元素为 a[0][0],a[0][1],a[0][2],a[0][3]。

必须强调的是:a[0],a[1],a[2]不能当做下标变量使用,它们是数组名,不是一个单纯的下标变量。

(3) 二维数组的存储。

二维数组在概念上是二维的,但是实际的硬件存储器却是连续编址的,也就是说存储器单元是按一维线性排列的,即:先存放 a[0]行,再存放 a[1]行,最后存放 a[2]行。每行中有四个元素也是依次存放。由于数组 a 说明为 int 类型,该类型占两个字节的内存空间,所以每个元素均占有两个字节。

7.5　二维数组元素的引用

二维数组的元素也称为双下标变量,其表示的形式为:

数组名[下标][下标]

其中,下标应为整型常量或整型表达式。

例如:

a[2][3]

表示 a 数组第三行四列的元素。

【例 7.3】一个学习小组有 5 个人,每个人有三门课的考试成绩,如表 7.1 所示。求全组各分科平均成绩和各科总平均成绩。

表 7.1

	张	王	李	赵	周
Math	80	61	59	85	76
C	75	65	63	87	77
FoxPro	92	71	70	90	85

可设一个二维数组 a[5][3]存放 5 个人三门课的成绩,再设一个一维数组 v[3]存放所求得的全组各分科平均成绩,设变量 average 为全组各科总平均成绩。

【源程序】

```c
#include <stdio.h>
void main()
{
    int i,j,s=0,average,v[3],a[5][3];
    printf("input score\n");
    for(i=0;i<3;i++)
    {
        for(j=0;j<5;j++)
        {
            scanf("%d",&a[j][i]);
            s=s+a[j][i];
        }
        v[i]=s/5;
        s=0;
    }
    average=(v[0]+v[1]+v[2])/3;
    printf("Math:%d\nC:%d\nFoxpro:%d\n",v[0],v[1],v[2]);
    printf("total:%d\n", average );
}
```

程序运行后输出的结果如图 7.3 所示。

程序中首先用了一个双重循环。在内循环中依次读入某一门课程的各个学生的成绩,并把这些成绩累加起来;退出内循环后,再把该累加成绩除以 5 送入 v[i]中,这就是该门课程的平均成绩。外循环共循环三次,分别求出三门课各自的平均成绩并存放在 v 数组中;退出外循环后,把 v[0],v[1],v[2]相加除以 3 即得到各科总平均成绩。最后按题意输出成绩。

```
input score
80 61 59 85 76
75 65 63 87 77
92 71 70 90 85
Math:72
C:73
Foxpro:81
total:75
```

图 7.3

7.6 二维数组的初始化

二维数组初始化可以在类型说明时给各下标变量赋初值。二维数组可按行分段赋值,也可按行连续赋值。

例如,对数组 a[5][3],

(1) 按行分段赋值可写为:

int a[5][3]={ {80,75,92},{61,65,71},{59,63,70},{85,87,90},{76,77,85} };

(2) 按行连续赋值可写为:

int a[5][3]={ 80,75,92,61,65,71,59,63,70,85,87,90,76,77,85};

这两种赋初值的结果是完全相同的。

(3) 可以只对部分元素赋初值,未赋初值的元素自动取 0 值。

例如:

int a[3][3]={{1},{2},{3}};

是对每一行的第一列元素赋值,未赋值的元素取 0 值。赋值后各元素的值为:

```
1 0 0
2 0 0
3 0 0
```

int a [3][3]={{0,1},{0,0,2},{3}};

赋值后的元素值为:

```
0 1 0
0 0 2
3 0 0
```

(4) 如对全部元素赋初值,则第一维的长度可以不给出。

例如:

int a[3][3]={1,2,3,4,5,6,7,8,9};

可以写为:

int a[][3]={1,2,3,4,5,6,7,8,9};

7.7 字符数组的定义

1) 字符数组的定义

在 C 语言中,没有专门的字符串变量,而是将字符串存入字符数组来处理,即用一个一维数组来存放一个字符串,每个元素存放一个字符,用来存放字符串的数组称为字符数组。

例如:

char c[10];

由于字符型和整型通用,也可以定义为 int c[10],但这时每个数组元素占两个字节的内存单元。

字符数组也可以是二维或多维数组。

例如:

char c[5][10];

即为二维字符数组。

2) 字符数组初始化

(1) 在定义时进行初始化赋值。

例如:

char c[10]={'c',' ','p','r','o','g','r','a','m'};

(2) 当对全体元素赋初值时也可以省去长度说明,例如:

char c[]={'c',' ','p','r','o','g','r','a','m'};

这时 c 数组的长度自动定为 9。

(3) C 语言允许用字符串的方式对字符数组进行初始化赋值。

例如:

char c[]={"C program"};

或去掉{ }写为(只有字符型数组可以省略花括号"{ }"):

char c[]="C program";

3) 字符串和字符串结束标志

字符串是带有字符串结束符"\0"的一组字符,当把一个字符串存入一个数组时,也把结束符"\0"存入数组,并以此作为该字符串是否结束的标志。

为了测定实际字符串的长度,C 语言在扫描整个数组时,只要碰见字符"\0",就表示字符串结束。

7.8 字符串处理函数

C 语言提供了丰富的字符串处理函数,大致可分为字符串的输入、输出、合并、修改、比较、转换、复制等。使用这些函数可大大减轻编程的负担,使用字符串函数则应包含头文件"string. h"。

【任务 7.4】在百度中,输入"C 语言 字符串函数",了解 C 语言字符串函数的使用方法。

1) 字符串连接函数 strcat

格式:

strcat (字符数组名 1,字符数组名 2)

功能:把字符数组 2 中的字符串连接到字符数组 1 中字符串的后面,并删去字符串 1 后的串结束标志"\0"。本函数返回值是字符数组 1 的首地址。

2）字符串拷贝函数 strcpy

格式：

strcpy（字符数组名 1,字符数组名 2）

功能：把字符数组 2 中的字符串拷贝到字符数组 1 中。串结束标志"\0"也一同拷贝。字符数组名 2 也可以是一个字符串常量,这时相当于把一个字符串赋予一个字符数组。

【思考】以下语句是否正确：

（1）char c；c='A'+'B'；

（2）char c[10]；c="a"+"b"；

（3）char c[10]；strcpy(c,"a"+b")；

3）字符串比较函数 strcmp

格式：

strcmp(字符数组名 1,字符数组名 2)

功能：按照 ASCII 码顺序比较两个数组中的字符串,并由函数返回值返回比较结果。对两个字符串自左向右逐个字符比较,直到出现不同的字符或遇到"\0"为止。

字符串 1＝字符串 2,返回值 x＝0；

x＝strcmp("AX","AX")；

字符串 1＞字符串 2,返回值 x＞0；

x＝strcmp("abc","ABC")；

字符串 1＜字符串 2,返回值 x＜0；

x＝strcmp("1000","2")；

4）测字符串长度函数 strlen

格式：

strlen(字符数组名)

功能：测字符串的实际长度(不含字符串结束标志"\0") 并作为函数返回值。

5）strlwr（字符串）

将字符串中的大写字母转换为小写字母。

6）strupr（字符串）

将字符串中的小写字母转换为大写字母。

【说明】

（1）对两个字符串的比较,不能用以下形式：

str1＝＝str2 或 str1＞str2 或 str1＜str2

（2）字符串的比较、拷贝、连接都必须用函数。

（3）不能用赋值语句将一个字符串常量直接赋给一个字符数组,如 str="abcdefg"；应为：strcpy(str,"abcdefg")；

（4）更多字符串的函数详见附录 4。

【任务 7.5】利用字符数组,在终端输出字符串"I love you!"。

【任务 7.6】从键盘输入一个字符串,存放在一个数组中,然后求这一字符数组中大写字母的个数。

7.9 数组的排序

1. 冒泡排序

基本思想:将相邻两个数比较,将大的数调到最后面(从小到大排序)。

【例 7.4】用键盘输入 6 个数,用起泡法对 6 个数排序(由小到大),如表 7.2 所示。

表 7.2

开始	一	二	三	四	五	结果
68	56	35	21	16	8	8
56	35	21	16	8	16	16
35	21	16	8	21	21	21
21	16	8	35	35	35	35
16	8	56	56	56	56	56
8	68	68	68	68	68	68

经过第一轮(共 5 次比较)后,大数 68 沉底,小数浮起。

经过第二轮(共 4 次比较)后,得到次大的数 56,排在倒数第二的位置。

如此进行下去,可以推知,对 6 个数要比较 5 轮。如果有 n 个数,则要进行 n−1 轮的比较。在第 j 轮比较中要进行 n-j 次两两比较。

由上面的分析可知:

(1) 要排序的数必须放入数组中。

(2) 用二重循环控制排序的过程。

(3) 外循环 j 控制比较轮数(n−1 轮)。

(4) 内循环 i 控制一轮比较的次数(n−j 次)。

【源程序】

```c
#include <stdio.h>
void main()
{
    int a[6];
    int i,j,t;
    printf("input 6 numbers :\n");
    for(i=0;i<=5;i++)
      scanf("%d",&a[i]);
    printf("\n");
    for (j=0;j<5;j++) /* 由小到大 */
       for(i=0;i<5-j;i++)
       if(a[i]>a[i+1])
       {
            t=a[i];
            a[i]=a[i+1];
            a[i+1]=t;
       }
    printf("the sorted numbers :\n");
```

```
        for (i=0;i<=5;i++)
            printf("%d",a[i]);
        printf("\n");
    }
```

程序运行后输出结果如图 7.4 所示。

```
input 6 numbers :
68 56 35 21 16 8

the sorted numbers :
8 16 21 35 56 68
```

图 7.4

【任务 7.7】从键盘随机输入若干个数,按照升序排列。

2. 选择排序

选择排序基本思想:首先找出最小的元素,然后把这个元素与第一个元素互换,值最小的元素就放在了第一个位置;接着,再从剩下的元素中找值最小的,把它和第二个元素互换,使得第二小的元素放在第二个位置,以此类推,直到所有的值由小到大排列为止。

【例 7.5】用键盘输入 10 个数,用比较法对 10 个数排序(由小到大)。

【源程序】

```
#include <stdio.h>
void main()
{
    int i,j,p,q,s,a[10];
    printf("\n input 10 numbers:\n");
    for (i=0;i<10;i++)
        scanf("%d",&a[i]);
    for(i=0;i<10;i++)
    {
        p=i;q=a[i];
        for (j=i+1;j<10;j++)
            if(q >a[j])
            {
                p=j;q=a[j];
            }
        if(i!=p)
        {
            s=a[i];
            a[i]=a[p];
            a[p]=s;
        }
        printf("%-5d",a[i]);
    }
    printf("\n");
}
```

程序运行后输出结果如图 7.5 所示。

```
input 10 numbers:
69 56 87 93 67 82 35 33 88 66
33    35    56    66    67    69    82    87    88    93
```

图 7.5

本例程序中用了两个并列的 for 循环语句,在第二个 for 语句中又嵌套了一个循环语句。第一个 for 语句用于输入 10 个元素的初值,第二个 for 语句用于排序。本程序的排序采用逐个比较的方法进行。在 i 次循环时,把第一个元素的下标 i 赋于 p,而把该下标变量值 a[i]赋于 q。然后进入小循环,从 a[i+1]起到最后一个元素止逐个与 a[i]作比较,有比 a[i]小者则将其下标送 p,元素值送 q。一次循环结束后,p 即为最小元素的下标,q 则为该元素值。若此时 i≠p,说明 p、q 值均已不是进入小循环之前所赋之值,则交换 a[i]和 a[p]之值。此时 a[i]为已排序完毕的元素。输出该值后转入下一次循环,对 i+1 以后各个元素排序。

【任务 7.8】将【例 7.5】中的数组按照降序排列,请修改程序。

【任务 7.9】输入一字符串,用选择法按降序进行排列。

7.10　数组元素的删除

对数组元素的删除和其他的各种语言操作大致相同,确定要删除元素在数组的位置,然后把此位开始的元素依次前移(把后面元素下标依次-1)。

【例 7.6】删除数组 a 中的某个数据,要求从键盘输入数组 a 的元素个数、各元素及要删除的数据在数组中的位置。

【源程序】

```c
#include <stdio.h>
void main()
{
    int x,n,i,a[50];
    printf("请输入元素的个数 n:\n");
    printf("n=:");
    scanf("%d",&n);
    printf("请输入数组的%d 个元素,元素间用空格隔开\n",n);
    for(i=0;i<n;i++)
        scanf("%d",&a[i]);
    do
    {
        printf("输入要删除元素的位置:\n");
        scanf("%d",&x);
        if(x >n||x<0)
            printf("输入删除元素的位置出错:\n");
        else
```

```
                break;
        }while(1);
        for(i=x-1;i<n-1;i++)
            a[i]=a[i+1];
        printf("删除第%d元素后的新数组为\n",x);
        for(i=0;i<n-1;i++)
            printf("%-5d",a[i]);
        printf("\n");
    }
```

程序运行后输出结果如图 7.6 所示。

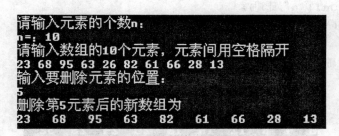

图 7.6

【任务 7.10】设计一个程序,能删除数组中的重复元素。

【任务 7.11】从键盘输入一个字符串,可删除某个位置上的字符,请编写一程序。

【任务 7.12】从数组 a[SIZE]＝{52,36,98,23,64,320,235,65,82,37}中找到最小值,然后删除。

【任务 7.13】从数组 a[SIZE]＝{52,36,98,23,64,320,235,65,82,37}中找到偶数,然后全部删除。

7.11　数组元素的插入

对数组元素的插入和其他的各种语言操作大致相同,确定要插入元素在数组的位置,然后把从此位开始的元素依次后移(把后面元素下标依次＋1)。

【例 7.7】在有序数组 a 中插入某个数据,数据从键盘输入。

【源程序】

```
#include <stdio.h>
void main()
{
int a[10],i,k,x;
printf("输入要插入的数 x:");
scanf("%d",&x);
for(i=0; i<9;i++)
{
    a[i]=i * 4;              /* 通过程序自动形成 9 个元素的有规律数组 */
}
```

```
        for(k=0;k<9;k++)          /* 查找欲插入数在数组中的位置 */
        {
            if(x <a[k])            /* 找到插入的位置 k */
                break;
        }
        for(i=8;i>=k;i--)          /* 从最后的元素开始往后移,腾出位置 */
            a[i+1]=a[i];
        a[k]=x;                    /* 把数值插入数组 */
        printf("插入数 x 后的数组为\n");
        for(i=0;i<=9;i++)          /* 输出数组内容 */
            printf("%d",a[i]);
        printf("\n");
    }
```

程序运行后输出结果如图 7.7 所示。

```
输入要插入的数x： 18
插入数x后的数组为
0   4   8   12   16   18   20   24   28   32
```

图 7.7

【例 7.8】把一个整数按大小顺序插入已排好序的数组中。

设排序是从大到小排序的,则可把欲插入的数与数组中的各数逐个比较,当找到一个比插入数小的元素 i 时,该元素之前即为插入位置。然后从数组最后一个元素开始到该元素为止,逐个后移一个单元。最后把插入数赋予元素 i 即可。如果被插入数比所有的元素值都小则插入最后位置。

【源程序】

```c
#include <stdio.h>
void main()
{
    int i,j,p,q,s,n,a[11]={127,3,6,28,54,68,87,105,162,18};
    for(i=0;i<10;i++)                   /* 用比较法对数组排序 (降序) */
    {
        p=i;q=a[i];
        for (j=i+1;j<10;j++)
            if(q<a[j])
            {
                p=j;q=a[j];
            }
        if(p!=i)
        {
            s=a[i];
            a[i]=a[p];
            a[p]=s;
```

```
            }
            printf("%d",a[i]);
        }
    printf("\ninput number:\n");    /* 输入要插入的数 */
    scanf("%d",&n);
    for(i=0;i<10;i++)
        if(n>a[i])
        {
            for(s=9;s>=i;s--)
                a[s+1]=a[s];
            break;}                 /* break 属于第一个 for 语句 */
        a[i]=n;
        for(i=0;i<=10;i++)
            printf("%d",a[i]);
        printf("\n");
    }
```

程序运行后输出结果如图 7.8 所示。

```
162 127 105 87 68 54 28 18 6 3
input number:
47
162 127 105 87 68 54 47 28 18 6 3
```

图 7.8

本程序首先对数组 a 中的 10 个数从大到小排序并输出排序结果,然后输入要插入的整数 n。再用一个 for 语句把 n 和数组元素逐个比较,如果发现有 n>a[i]时,则由一个内循环把 i 以下各元素值顺次后移一个单元。后移应从后向前进行(从 a[9]开始到 a[i]为止),后移结束跳出外循环。插入点为 i,把 n 赋予 a[i]即可。如所有的元素均大于被插入数,则并未进行过后移工作。此时,i=10,结果是把 n 赋于 a[10]。最后一个循环输出插入数后的数组各元素值。

程序运行时,输入数 47。从结果中可以看出,47 已插入到 54 和 28 之间。

【任务 7.14】把任意三个整数按大小顺序插入已排好序的数组中。

【任务 7.15】把任意一个整数数组按大小顺序插入已排好序的整数数组中。

7.12　程序举例

【例 7.9】编写一个将一字符串逆转的程序。

【源程序】

```
#include"stdio.h"
#include"string.h"
void main()
{
    char s1[30],s2[30];
    int i,j;
```

```
        printf("\n 输入字符串:");
        scanf("%s",s1);
        i=strlen(s1);
        for(j=0;s1[j]!='\0';j++)
            s2[i-j-1]=s1[j];
        s2[i]='\0';
        printf("\n 逆转后的字符串:%s\n",s2);
    }
```

程序运行后输出结果如图 7.9 所示。

输入字符串:fdgkfdsltsdgds

逆转后的字符串:sdgdstlsdfkgdf

图 7.9

【例 7.10】利用所学的知识,设计一个登录界面程序(包括用户名和密码设置)。

【源程序】

```
    #include <stdio.h>
    #include <string.h>
    #include <stdlib.h>
    #include <conio.h>
    #define max 20
    int LogOn()
    /* 登录模块,已实现输入密码不回显,如果中途发现输错某几位,可按退格键重输 */
    {
        char username[max],password[max];
        printf("\n 请输入用户名:");
        scanf("%s",username);
        printf("\n 请输入密码(最多 15 位):");
        /* 开始以不回显且支持退格方式获取输入密码 */
        int i=0;
        while((i>=0)&&(password[i++]=getch())!=13)
    /* 条件 i>=0 是用于限制退格的范围 */
        {
            if(password[i-1]=='\b')/* 对退格键的处理 */
            {
                printf("%c%c%c",'\b','\0','\b');
                i=i-2;
            }
            else
                printf(" * ");
        }
        password[--i]='\0'; /* 已获取密码,验证用户身份 */
        if(!strcmp(username,"zhang")&&!strcmp(password,"87495137"))
```

```
        {
            printf("\n 登录成功!");
            return 1;
        }
        else
            return 0;
    }
int main()
{
    printf("\nzcx87495137@ sina.com");
    printf("\n 欢迎使用学生信息管理系统!\n"); /* 登录模块 */
    int icheck=0;
    while(icheck<3)
    {
        if(LogOn()==0)
            icheck++;
        else
            break;
    }
    if(icheck==3)
    {
        printf("\n 连续登录三次不成功,退出!");
        exit(0);
    }
    /* 系统界面 */
    printf("\n\n 请选择需要的服务:");
    printf("\n1.注册");
    printf("\n2.查询");
    printf("\n3.修改");
    printf("\n4.删除");
    printf("\n5.排序");
    printf("\n7.求平均");
    printf("\n6.退出\n");
    return 0;
}
```

【任务 7.16】 将 100 个整型数送入一维整型数组中,找出其中的最小元素并与第一个元素交换位置,输出交换以后的数组元素。

【任务 7.17】 输入 n 个评委的评分,计算并输出参赛选手的最后得分。计算方法为去除一个最高分,去除一个最低分,其余的进行平均,得出参赛选手的最后得分。

【任务 7.18】 有 n 个评委评分,m 个选手参赛,计算参赛选手的最后得分。计算方法为去除一个最高分,去除一个最低分,其余的进行平均,得出参赛选手的最后得分。并按从大到小的顺序输出参赛选手的最后得分。

第8章 函　　数

　　函数是 C 源程序的基本组成单位,也是程序设计的重要手段。使用函数可以将一个复杂的程序按照其功能分解成若干个功能相对独立的基本模块,并分别对每个模块设计,最后这些基本模块按照层次关系进行组装,完成复杂的程序设计。这样可以使程序结构清晰,便于编写、阅读和调试。

知识点

- 函数的定义与调用
- 函数的数据传递
- 变量的存储类型
- 函数的递归调用

8.1　函数的概念

　　某程序有上百行,如何调试最方便?

　　想要设计一个程序完成 C_n^m 的计算(其中 m、n 为正整数且 m>n),应该如何设计最有效?

　　一个实用的 C 语言源程序总是由许多函数模块组成的,每一个函数模块用来实现一个特定的功能,这样便于分别编写、分别编译,提高调试效率。

　　(1) main 函数是主函数,它可以调用其他函数,而不允许被其他函数调用。因此,C 程序的执行总是从 main 函数开始,完成对其他函数的调用后再返回到 main 函数,最后由 main 函数结束整个程序。

　　(2) 所有的函数定义,包括主函数 main 在内,都是平行的。也就是说,在一个函数的函数体内,不能再定义另一个函数,即不能嵌套定义。但是,函数之间允许相互调用,也允许嵌套调用,习惯上把调用者称为主调函数,函数还可以自己调用自己,称为递归调用。

　　(3) 从函数定义的角度看,函数可分为库函数和用户定义函数两种。

　　① 库函数:由 C 系统提供,只需在程序前包含有该函数原型的头文件即可在程序中直接调用。C 语言提供了丰富的库函数,每个库函数都是一段完整特定的功能程序,由于这些功能往往是程序设计人员的共同要求,因此这些功能被设计成标准的程序块,并经过编译后以目标代码的形式存放在库文件中。

　　②用户定义函数:由用户按需要写的函数。

　　(4) 从函数的参数形式上又可分为无参函数和有参函数两种。

　　① 无参函数:主调函数和被调函数之间不进行参数传送。

　　② 有参函数:函数调用时,主调函数把实参的值传送给形参,供被调函数使用。

　　(5) C 语言提供了极为丰富的库函数,详见附录 4。

【例 8.1】 每行输出 10 个 "*",共输出三行。

【源程序】

```
#include <stdio.h>
void myprint ( )
{
    int i ;
    for (i=1; i<=10; i++)
        printf ("*") ;
    printf ("\n") ;
}
void main ( )
{
    myprint ( ) ;
    myprint ( ) ;
    myprint ( ) ;
}
```

程序中定义了 myprint()函数,其功能是在一行输入 10 个 "*"号,在 main 函数中三次调用 myprint()函数,程序运行的结果如图 8.1 所示。

图 8.1

8.2 函数的定义

1. 无参函数

无参函数的定义形式为:

类型标识符 函数名()
{
    声明部分;
    语句;
}

其中,类型标识符和函数名称为函数头。类型标识符指明了本函数的类型,函数的类型实际上是函数返回值的类型。函数名是由用户定义的标识符,函数名后有一个空括号,其中无参数,但括号不可少。

{ } 中的内容称为函数体。在函数体中声明部分,是对函数体内部所用到的变量的类型说明。

2. 有参函数

有参函数定义的一般形式为:

类型标识符 函数名(形式参数表列)
{
    声明部分;
    语句;
}

在形式参数表列中给出的参数称为形式参数,它们可以是各种类型的变量,各参数之间用逗号间隔。在进行函数调用时,主调函数将赋予这些形式参数(简称形参)实际的值。形参既然是变量,就必须在形参表中给出形参的类型说明。

例如,定义一个函数,用于求两个数中的大数,可写为:

```
int max(int x, int y)
{
    int z;
    if (x>y)
      z=x;
    else
        z=y;
    return z;
}
```

第一行说明 max 函数是一个整型函数,其返回的函数值是一个整数。形参为 x、y,均为整型量。x、y 的具体值是由主调函数在调用时传送过来的。在{ }中的函数体内,定义变量及函数实现的功能,通过 return 语句把 z 的值作为函数的值返回给主调函数。有返回值函数中至少应有一个 return 语句。

【说明】

(1) 函数名是一个用户定义的标识符。在同一程序中,不能有同名的函数。

(2) 花括号括起来的部分,是由声明部分和语句组成的。声明部分,主要用于对函数内所使用的变量以及所调用函数的类型进行说明;语句部分则是实现函数功能的核心部分,它由 C 语言的基本语句构成。

(3) 类型,如果缺省函数类型,系统一律按整型处理。函数值的返回类型应与定义函数时的类型一致,若二者不一致,则以函数的类型为准。

8.3 函数的参数

一个 C 程序由若干个函数组成,各函数调用时经常需要传递一些数据,即调用函数把数据传递给被调用函数,经被调用函数处理后,得到一个确定的结果,在返回调用函数时,把这个结果带回调用函数。

在 C 语言中,可以使用函数的返回值、全局变量、形参和实际参数(简称为"实参")相结合的方式来实现函数间数据的传递。

主调函数调用被调函数,是把形参和实参相结合,实际上是主调函数将控制权传递给被调函数,开始执行被调函数,被调函数执行结束后(如遇到 return 语句或者遇到函数体的结束括号"}"),控制权由被调函数返回给主调函数,如图 8.2 所示。

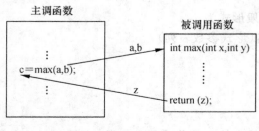

图 8.2

形参:定义函数时使用的参数,如被调函数中定义的 x、y。

实参:主调函数中使用的参数,如主调函数中定义的 a、b。

形参出现在被调函数定义中,在整个被调函数体内都可以使用,离开该函数则不能使用。实参出现在主调函数中,进入被调函数后,实参变量也不能使用。形参和实参的功能是进行数据传送。发生函数调用时,主调函数把实参的值传送给被调函数的形参从而实现主调函数向被调函数的数据传送,称为"值传递"。实参对形参的传递是位置对应的传递,与变量的名称无关。

【说明】

(1) 形参在被调用时才分配内存单元,在调用结束后,即刻释放所分配的内存单元,因此只在该函数内有效。调用结束,返回主调函数后,则不能再使用该变量。

(2) 定义函数时,必须说明形参的类型。

(3) 实参可以是常量、变量、表达式、函数等,无论实参是何种类型的量,在进行函数调用时,它们都必须具有确定的值,以便把这些值传送给形参。

(4) 实参和形参在数量上、类型上、顺序上应严格一致,否则会发生"类型不匹配"的错误。字符型和整型可以互相匹配。

(5) 实参和形参分别占据不同的存储单元,即使同名也互不影响。

(6) C 语言中实参对形参的数据传递是"值传递",函数调用中发生的数据传送是单向的,即只能把实参的值传送给形参,而不能把形参的值反向地传送给实参。

【例 8.2】调用交换两数的函数 swap(),观察程序运行的结果。

【源程序】

```
#include"stdio.h"
void swap(int x,int y);
void main()
{
    int a,b;
    a=2;
    b=3;
    printf("调用函数前:a=%d,b=%d\n",a,b);
    swap(a,b);
    printf("调用函数后:a=%d,b=%d\n",a,b);
}
void swap(int x,int y)
{
    int t;
    printf("交换数据前:x=%d,y=%d\n",x,y);
    t=x;x=y;y=t;
    printf("交换数据后:x=%d,y=%d\n",x,y);
}
```

程序运行参数的传递如图 8.3 所示。

程序运行的结果如图 8.4 所示。

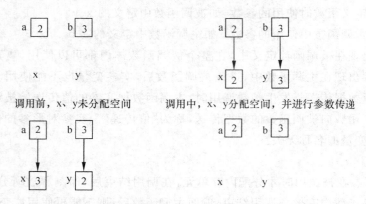

调用前，x、y未分配空间　　　调用中，x、y分配空间，并进行参数传递

调用中，函数功能的实现，形参数据交换　　　调用后，x、y空间被释放

图 8.3

图 8.4

【说明】

　　形参也是属于函数的局部变量，在执行时，也要为其分配相应的存储空间。形参和实参在存储空间是各自独立的，不是共享空间。形参变量只有在被调用时才分配内存单元，在调用结束后，即刻释放所分配的内存单元。

　　【任务 8.1】设计一函数，求 $\log a^x$ 的值，a、x 的值由键盘输入。

　　【任务 8.2】编写一个程序，用于猜数游戏，程序中有三个函数：第一个函数产生一个随机整数函数；第二个函数用于判断随机数，提示是猜大了还是猜小了，或者是给出恭喜猜对了的提示；第三个是 main 函数，在 main 函数中游戏者根据键盘输入 0 或 1 可以选择游戏继续还是终止。

8.4　函数的返回值

　　函数的返回值是指函数被调用之后，执行函数体中的程序段所取得的并返回给主调函数的值。

　　（1）函数的值只能通过 return 语句返回主调函数。

return 语句的一般形式为：

return 表达式；

或

return（表达式）；

　　该语句的功能是计算表达式的值，并返回给主调函数。在函数中允许有多个 return 语句，但当遇到第一个 return 语句时程序停止，返回一个函数值，后面 return 语句不再被执行。

　　函数返回值的类型和在函数定义时函数的类型应保持一致。如果两者不一致，则以函数类型为准,自动进行类型转换。

(2)如函数值为整型,则在函数定义时可以省去类型说明。

(3)不返回函数值的函数,应明确定义为"空类型",类型说明符为"void"。

【例 8.3】函数应用举例。

【源程序】

```
#include"stdio.h"
double sub(double x,double y,double z)
{
    y-=1.0;
    z=z+x;
    return z;
    }
void main()
{
    double a=2.5,b=9.0;
    printf("%f\n",sub(b-a,a,a));
}
```

程序运行后输出的结果:

9.000000

【说明】

在函数体中,return 语句返回的是 z 的值。

【思考】

函数 sub 有几个参数?参数间用什么间隔?函数的返回值是什么类型?

8.5 函数的调用——控制权的转移

函数调用的一般形式为:

函数名(实际参数表)

在对无参函数调用时无实际参数表,但函数的括号不能省略。

【例 8.4】编制求两数相乘的函数。

【源程序】

```
#include"stdio.h"
float mul(float x,float y)
{
    float z;
    z=x * y;
    return(z);
}
void main()
{
    float x,y,z;
    scanf("%f,%f",&x,&y);
```

```
        z=mul(x,y);
        printf("The result is %f\n",z);
    }
```

程序运行的结果如图 8.5 所示。

【例 8.5】 分析程序运行后的结果。

【源程序】

```
    #include"stdio.h"
    int var1(char x,int y)
    {
        return (x+y);
    }
    int var2()
    {
        int b=38,j;
        printf("b in var2()=%d\n",b);
        for(j =100;j<200;j++)
            return (b+j);
        return b;
    }
    void main()
    {
        char c='b';int b=6;
        printf("c in main()=%c\n",c);
        printf("b in main()=%d\n",b);
        printf("return value from var2( )=%d\n",var2());
        printf("c+b=%d\n",var1(c,b));
    }
```

程序运行的结果如图 8.6 所示。

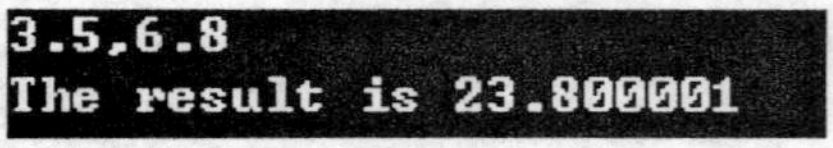

```
3.5,6.8
The result is 23.800001
```

图 8.5

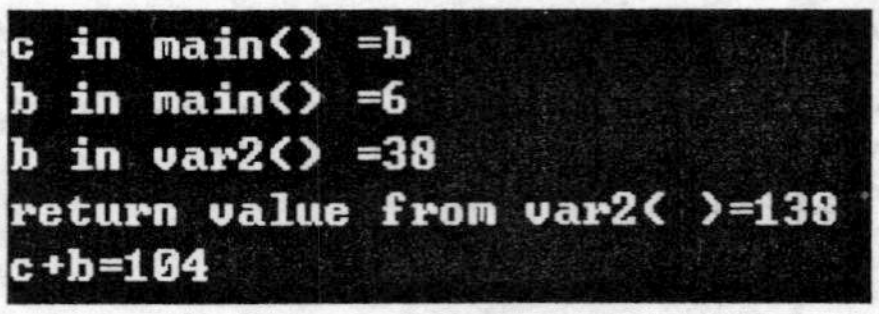

```
c in main() =b
b in main() =6
b in var2() =38
return value from var2( )=138
c+b=104
```

图 8.6

8.6 被调用函数的声明

在一个函数中调用另一个函数（被调用函数）需要具备的条件如下。

（1）被调用函数必须是已经存在的函数（库函数或者自定义函数）。

（2）若为"库函数"，则应该在本文件开头用 #nclude 命令，将调用有关库函数时所需要的信息"包含"到本文件中来。

（3）若为"用户自定义函数"，而该函数的位置在调用它的函数（即主调函数）的后面（在同一文件中），则应该在主调函数中对被调用的函数作"声明"。

（4）对函数的"定义"和"声明"不是一回事。函数的定义是指对函数的功能的确定，包括指定函数名、函数值的类型、形参及类型、函数体等，它是一个完整的、独立的函数单位。而函数声明的作用则是把函数的名字、函数类型，以及形参的类型、个数和顺序通知编译系统，以便在调用该函数时系统进行对照检查。

（5）函数的"定义"和函数"声明"二者只差一个分号。

一个函数只能被"定义"一次，可"声明"多次，"定义"与"声明"不同。

函数声明一般形式为：

类型说明符　被调函数名（类型　形参，类型　形参…）；

或

类型说明符　被调函数名（类型，类型…）；

括号内给出了形参的类型和形参名，或只给出形参类型。这便于编译系统进行检错，以防止可能出现的错误。

C 语言中又规定在以下几种情况时可以省去主调函数中对被调函数的函数说明。

（1）当被调函数的函数定义出现在主调函数之前时，在主调函数中也可以不对被调函数再作说明而直接调用。

（2）多个函数声明的顺序无要求，如果函数的声明放在源文件的开头，则该声明对整个源文件都有效，在以后的各主调函数中，可不再对被调函数作声明。如果函数的声明是在主调函数的内部，则该声明仅对该调用函数有效。

【例 8.6】产生三个小于 10 的随机整数，计算它们阶乘的和 x!＋y!＋z!。

【源程序】

```
#include "stdio.h"
#include "stdlib.h"
long factorial(int i); /* 对函数的声明 */
void main()
{
    int i,j;
    long sum;
    sum=0;
    for(i=0;i<=2;i++)
    {
        j=rand();
        j=j%10;
        printf("%2d!+",j);
        sum=sum+factorial(j);
    }
    printf("=%ld\n",sum);
}
long factorial(int i)
{
    long product=1;
```

```
    for(;i>=1;i--)
        product=product * i;
    return product;
}
```

程序运行后输出的结果为：

1! ＋7! ＋4! ＝5065

factorial 是一个自定义函数，用于求一个数的阶乘。函数 main 中调用了一个 C 编译系统提供的函数 rand()用于产生一个小于 32767 的随机数。

【思考】

上例中函数返回值定义为整型而不定义为长整型可以吗？

【任务 8.3】用循环的办法产生 1～100 间的 10 个随机数，并输出。

8.7 数组作为函数参数

数组可以作为函数的参数使用，进行数据传送。数组作为函数参数有两种形式：一种是把数组元素（下标变量）作为实参使用，另一种是把数组名作为函数的形参和实参使用。

1. 数组名作为函数参数

（1）用数组名作函数参数时，既可以作实参也可以作形参，但要求形参和相对应的实参都必须是类型相同的数组，都必须有明确的数组说明，当形参和实参二者不一致时，即会发生错误。

（2）用数组名作函数参数时，不是进行值的传送，即不是把实参数组的每一个元素的值都赋予形参数组的各个元素。因为实际上形参数组并不存在，编译系统不为形参数组分配内存。那么，数据的传送是如何实现的呢？我们知道数组名就是数组的首地址，因此在数组名作函数参数时所进行的传送是数组首地址的传送，就是说把实参数组的首地址赋予形参数组名。形参数组名取得该首地址后，也就等于有了实参的数组。实际上是形参数组和实参数组为同一数组，共同拥有一段内存空间。

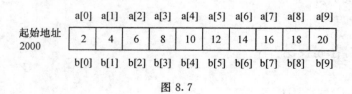

图 8.7

图 8.7 说明了这种情形。图 8.7 中设 a 为实参数组，类型为整型。a 占有以 2000 为首地址的一块内存区。b 为形参数组名。当发生函数调用时，进行地址传送，把实参数组 a 的首地址传送给形参数组名 b，b 也取得该地址 2000。于是 a、b 两数组共同占有以 2000 为首地址的一段连续内存单元。从图 8.7 中还可以看出 a 和 b 下标相同的元素实际上也占相同的两个内存单元（整型数组每个元素占二字节）。例如，a[0]和 b[0]都占用 2000 和 2001 单元，当然 a[0]等于 b[0]。类推则有 a[i]等于 b[i]。

【例 8.7】分析以下程序的执行结果。

【源程序】

```
#include <stdio.h>
int func(int b[]);/* 函数的声明 */
void main()
{
    int a[]={2,4,6,8,10,12,14,16,18,20},s;
    s=func(a);
    printf("s=%d\n",s);
}
int func(int b[])
{
    int s=0,i;
    for(i=0;i<10;i++)
        s=s+b[i];
    return(s);
}
```

程序运行后输出的结果：s＝110。

（3）当用数组名作函数参数时，由于形参和实参为同一数组，因此当形参数组发生变化时，实参数组也随之变化。当然这种情况不能理解为发生了"双向"的值传递。但从实际情况来看，调用函数之后实参数组的值将由于形参数组值的变化而变化。

【例 8.8】判别一个整数数组中各元素的值，若大于 0 则输出该值，若小于等于 0 则输出 0 值，用数组名作函数实参。

【源程序】

```
#include <stdio.h>
void nzp(int a[5])
{
    int i;
    printf("\nvalues of array aare:\n");
    for(i=0;i<5;i++)
    {
        if(a[i]<0)
        a[i]=0;
        printf("%d",a[i]);
    }
}
void main()
{
    int b[5],i;
    printf("\ninput 5 numbers:\n");
    for(i=0;i<5;i++)
        scanf("%d",&b[i]);
    printf("\n\n\ninitial values of array b are:\n");
    for(i=0;i<5;i++)
```

```
        printf("%d",b[i]);
    nzp(b);
    printf("\nlast values of array b are:\n");
    for(i=0;i<5;i++)
        printf("%d",b[i]);
    printf("\n");
}
```

本程序中函数 nzp 的形参为整数组 a,长度为 5。主函数中实参数组 b 也为整型,长度也为 5。在主函数中首先输入数组 b 的值,然后输出数组 b 的值。以数组名 b 为实参调用 nzp 函数,在 nzp 中,按要求把负值单元清 0,并输出形参数组 a 的值。返回主函数之后,再次输出数组 b 的值。从运行结果可以看出,数组 b 的初值和终值是不同的,数组 b 的终值和数组 a 是相同的。这说明实参形参为同一数组,它们的值同时得以改变。

程序运行的结果如图 8.8 所示。

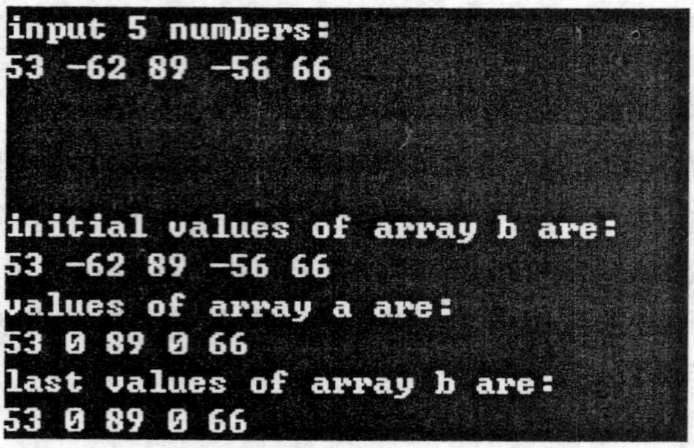

图 8.8

【思考】

把 nzp 函数的形参数组长度改为 8,函数体中,for 语句的循环条件也改为 i<8。观察程序执行后的结果。

【任务 8.4】将上例中的形参函数改为 void nzp(int a[],int n)。

其中,形参数组 a 没有给出长度,而由 n 值动态地表示数组的长度。n 的值由主调函数的实参进行传送,改写【例 8.8】。

【说明】

(1) 数组名作为函数的参数,应该在调用函数和被调函数中分别定义数组,且数据类型必须一致,否则结果会出错。

(2) C 编译系统对形参数组大小不作检查,所以为提高程序的可读性,减少出错,形参数组不指定大小。

2. 数组元素作函数实参

数组元素就是下标变量,它与普通变量并无区别。数组元素只能作函数实参,它作为函数实参使用与普通变量是完全相同的,在发生函数调用时,把作为实参的数组元素的值传送给形参,实现单向的值传送。

【例 8.9】编写 5 个函数,其一为读入函数 drsz(int x[ ],int n),其二为输出函数

printsz(int y[ ],int n),其三为排序函数 sort(int a[ ],int n),其四为插入函数 crsz(int a[ ],int b[ ],int n,int p),其五为 main 函数,把任意一个整数数组(10 个元素)按大小顺序排序,在其中插入一个整数数组(3 个元素)。

【源程序】

```c
#include <stdio.h>
void drsz(int x[ ],int n)                    /* 读入函数 */
{
    int i;
      printf("Enter the array:\n");
      for ( i=0; i<n; i++)
        scanf("%d",&x[i]);
}
void printsz(int y[ ],int n)                 /* 输出函数 */
{
    int i;
    for ( i=0; i<n; i++)
        printf("%4d",y[i]);
}
void sort(int a[ ],int n)                     /* 排序函数 */
{
    int i,j,k,temp;
    for ( i=0; i<=8; i++)
      {
        k=i;
        for(j=k+1; j<10; j++)
            if ( a[k]>a[j] ) k=j;
        temp=a[i]; a[i]=a[k]; a[k]=temp;
      }
}
void crsz(int a[ ],int b[ ],int n,int p)     /* 插入函数 */
{
    int i,j,k,s;
    for(i=0;i<p;i++)
      {
        k=b[i];
        for(j=0;j<n;j++)
            if(k <a[j])
            {
                  for(s=9+i;s>=j;s--)
                      a[s+1]=a[s];
                  break;                      /* break 属于第一个 for 语句 */
            }
            a[j]=k;
```

```
        }
    }
    void main()
      {
        int b[13],h[3];
        drsz(b,10);                              /* 读入数组 */
        printf("\ndoru array:");
        printsz(b,10);
        printf("\n");                            /* 打印读入数组 */
        sort(b,10);                              /* 数组排序 */
        printf("sort array:");
        printsz(b,10);                           /* 打印排序数组 */
        printf("\n");
        drsz(h,3);                               /* 读入新数组 */
        printf("doru array:");
        printsz(h,3);                            /* 打印新数组 */
        printf("\n");
        crsz(b,h,13,3);                          /* 按顺序插入数组 */
        printf("crsz array:");
        printsz(b,13);
        printf("\n");                            /* 打印最后数组 */
      }
```

程序运行的结果如图 8.9 所示。

```
Enter the array:
56 32 98 16 88 66 57 32 65 63

doru array:   56    32    98    16    88    66    57    32    65    63
sort array:   16    32    32    56    57    63    65    66    88    98
Enter the array:
68 77 39
doru array:   68    77    39
crsz array:   16    32    32    39    56    57    63    65    66    68    77    88    98
```

图 8.9

【任务 8.5】编写四个函数,其一为输入函数 void input(int a[ ],int n),其二为删除函数 void del(int a[ ], int x,int n),其三为输出函数 void print(int a[ ],int n),其四为 main 函数,main 函数分别调用函数 input、del、print ,a 为整型数组,n 为数组元素的个数,del 返回元素的个数。

【例 8.10】打印任意月份月历。

【源程序】

```
#include <stdio.h>
int JgYr(int yr)
{
```

```
    if (yr%4==0&&yr%100!=0||yr%100==0&&yr%400==0) /* 判断闰年 */
        return 1;
    else
        return 0;
}


int CalWkd(int yr,int mth) /* 计算星期 */
{
    int ds=0,i,rst,wkd;
    int mthd[13]={0,31,28,31,30,31,30,31,31,30,31,30,31};
    if (JgYr(yr))
        mthd[2]=29;
    for (i=1;i<mth;i++)
        ds+=mthd[i];
    ds+=1;
    rst=yr-1+(int)((yr-1)/4)-(int)((yr-1)/100)+(int)((yr-1)/400)+ds;
    wkd=rst%7;
    return wkd;
}


showcld(int wkd,int mtd) /* 输出日历 */
{
    int dt=1,i,j=0;
    printf("Sun\tMon\tTue\tWed\tThu\tFri\tSat\n"); /* 打印标题 */
    for (i=0;i<wkd;i++)
    {
        printf("\t"); /* 打印每月前几天的的空格 */
        j++;
    }
    while (j!=7)
    {
        printf("%d",dt); /* 打印每月第一排的几天 */
        if (j<6)
            printf("\t");
        else
            printf("\n");
        dt++;
        j++;
    }
    while (1) /* 打印每月第二排至结尾 */
    {
        for (j=0;j<7;j++)
        {
            printf("%d",dt);
```

```
            if (j!=6)
                 printf("\t");
            else
                 printf("\n");
            if (dt!=mtd)
                 dt++;
            else
                 return 0;
        }
    }
}

int main()
{
    int yr,mth,mtd,wkd,mthd[13]={0,31,28,31,30,31,30,31,31,30,31,30,31};
    printf("Input the Year and Month(Year-Month):");
    scanf("%d-%d",&yr,&mth);
    if (yr<0||mth<1||mth>12)
        return 0;
    mtd=mthd[mth];
    wkd=CalWkd(yr,mth);
    showcld(wkd,mtd);
    return 0;
}
```

程序运行后输出结果如图 8.10 所示。

```
Input the Year and Month(Year-Month):1996-8
Sun      Mon      Tue      Wed      Thu      Fri      Sat
                                    1        2        3
4        5        6        7        8        9        10
11       12       13       14       15       16       17
18       19       20       21       22       23       24
25       26       27       28       29       30       31
```

图 8.10

8.8　局部变量和全局变量

　　在讨论函数的形参变量时曾经提到,形参变量只在被调用期间才分配内存单元,调用结束立即释放,这一点表明形参变量只有在函数内才是有效的,离开该函数就不能再使用了。这种变量有效性的范围称为变量的作用域。不仅对于形参变量,C 语言中所有的量都有自己的作用域。变量说明的方式不同,其作用域也不同。C 语言中的变量,按作用域范围可分为两种,即局部变量和全局变量。

1. 局部变量

局部变量也称为内部变量。局部变量是在函数内作定义说明的。其作用域仅限于函数内,离开该函数后再使用这种变量是非法的。

(1) 在一个函数内部定义的变量。

(2) 函数的形式参数。

(3) 在某个复合语句中定义的变量。

例如:

```
void int f(int x)          /* 函数 f */
{
    int y,z;
    ……
}
/* x,y,x 有效 */
void main()
{
    int m,n;
    ……
}
/* m,n 有效 */
```

在函数 f 内定义了三个变量,x 为形参,y、z 为一般变量,在 f 的范围内 x,y,z 有效,或者说 x,y,z 变量的作用域限于 f 内。m、n 的作用域限于 main 函数内。

【说明】

(1) 主函数中定义的变量也只能在主函数中使用,不能在其他函数中使用,同时,主函数中也不能使用其他函数中定义的变量。

(2) 形参变量是属于被调函数的局部变量,实参变量是属于主调函数的局部变量。

(3) 允许在不同的函数中使用相同的变量名,它们代表不同的对象,分配不同的单元,互不干扰,也不会发生混淆。

(4) 在复合语句中也可定义变量,其作用域只在复合语句范围内。

(5) 如果局部变量的有效范围有重叠,则有效范围小的优先。

【例 8.11】分析程序执行的结果。

【源程序】

```
#include <stdio.h>
void main()
{
    int i=2,j=3,k;
    k=i+j;
    {
        int k=8;
        printf("%d\n",k);
    }
    printf("%d\n",k);
}
```

本程序在 main 中定义了 i、j、k 三个变量,其中 k 未赋初值。而在复合语句内又定义了一个变量 k,并赋初值为 8。应该注意这两个 k 不是同一个变量。在复合语句外由 main 定义的 k 起作用,而在复合语句内则由在复合语句内定义的 k 起作用。因此,程序第 5 行的 k 为 main 所定义,其值应为 5。第 8 行输出 k 值,该行在复合语句内,由复合语句内定义的 k 起作用,其初值为 8,故输出值为 8,第 10 行输出 k 值,而第 10 行已在复合语句之外,输出的 k 应为 main 所定义的 k,此 k 值由第 5 行已获得为 5,故输出也为 5。

【思考】

在【例 8.11】中有两处定义了变量 k 是否是同一个,为什么?

2. 全局变量

全局变量也称为外部变量,它是在函数外部定义的变量。它不属于哪一个函数,它属于一个源程序文件,其作用域是整个源程序。在函数内定义全局变量,一般应作全局变量说明,全局变量的说明符为 extern,但在一个函数之前定义的全局变量,在该函数内使用可不再加以说明。

例如:

```
int a,b;          /* 外部变量 */
void f1( )        /* 函数 f1 */
{
    ……
}
float x,y;        /* 只对函数 f2\main 函数外部变量 */
int f2( )         /* 函数 f2 */
{
    ……
}
void main( )      /* 主函数 */
{
    ……
}
```

从上例可以看出 a、b、x、y 都是在函数外部定义的外部变量,都是全局变量。但 x、y 定义在函数 f1 之后,而在 f1 内又无对 x、y 的说明,所以它们在 f1 内无效。a、b 定义在源程序最前面,因此在 f1、f2 及 main 内不加说明也可使用。

【例 8.12】输入正方体的长宽高 l、w、h。求体积及三个面 x*y、x*z、y*z 的面积。

【源程序】

```
#include <stdio.h>
int s1,s2,s3;
int vs( int a,int b,int c)
{
    int v;
    v=a * b * c;
    s1=a * b;
    s2=b * c;
    s3=a * c;
```

```
    return v;
}
void main()
{
    int v,l,w,h;
    printf("\ninput length,width and height\n");
    scanf("%d%d%d",&l,&w,&h);
    v=vs(l,w,h);
    printf("\nv=%d,s1=%d,s2=%d,s3=%d\n",v,s1,s2,s3);
}
```

程序运行的结果如图 8.11 所示。

```
input length,width and height
6 5 9

v=270,s1=30,s2=45,s3=54
```

图 8.11

【说明】

(1) C 语言规定:函数只能返回一个值,当需要增加函数的返回值时,使用外部变量是一种解决问题的方法。

(2) 外部变量可以加强函数模块间的数据联系,但又使这些函数依赖这些外部变量,降低了函数的独立性。

8.9　变量的存储类别

从变量值存在的作用时间(即生存期)角度来分,变量的存储方式可以分为静态存储方式和动态存储方式。静态存储方式,是指在程序运行期间分配固定的存储空间的方式,直到整个程序运行结束。动态存储方式,是指在程序运行期间,根据需要动态分配存储空间的方式。

用户存储空间可以分为三个部分:程序区、静态存储区、动态存储区。

1. 外部变量

外部变量是在函数外部任意位置上定义的变量。定义时,在变量的类型前不能用 extern 标识,定义在函数外部即可。它的作用域是从变量定义的位置开始,到整个源文件结束。

一般来说,外部变量是全局变量,从定义时开始生效。它不仅在本文件中有效,还可以在其他文件中存取,因而外部变量也叫全局变量。

【说明】

(1) 外部变量在整个程序中都可以存取,外部变量是永久性的。

(2) 若外部变量和某一函数的局部变量同名,则在该函数中,此外部变量被屏蔽。在该函数内,访问的是局部变量,与同名的全局变量不发生任何关系。

(3) 外部变量在函数外部只能初始化,而不能赋值。

(4) 当外部变量定义在后、使用在前时,应该在使用它的函数中用 extern 对此外部变量进行说明,以通知编译器。

【例 8.13】 外部变量的说明。

【源程序】

```
#include <stdio.h>
int x=123;/* 定义外部变量 */
void main()
{
    extern int y;/* 说明外部变量 */
    printf("x=%d,  y=%d\n",x,y);/* 应用外部变量,但有定义 */
}
    int y=789;/* y 定义在最后,前面 extern 用了说明 */
```

程序运行后的结果：

x＝123， y＝789

【思考】

语句 int y＝789;可不可以放在语句 printf("x＝%d, y＝%d\n",x,y);之后,上机试试。

2. auto 变量

函数中的局部变量,如不专门声明为 static 存储类别,则都是动态地分配存储空间的,数据存储在动态存储区中。函数中的形参和在函数中定义的变量（包括在复合语句中定义的变量）,都属此类,在调用该函数时系统会给它们分配存储空间,在函数调用结束时就自动释放这些存储空间。这类局部变量称为自动变量,自动变量用关键字 auto 作存储类别的声明。

关键字 auto 可以省略,auto 不写则隐含定为“自动存储类别”,属于动态存储方式。

3. 用 static 声明局部变量

有时希望函数中的局部变量的值在函数调用结束后不消失而保留原值或者需要保留函数上一次调用结束时的值,这时就应该指定局部变量为“静态局部变量”,用关键字 static 进行声明。

【例 8.14】 考察静态局部变量的值。

【源程序】

```
#include <stdio.h>
f(int a)
{
    auto b=0;
    static c=3;
    b=b+1;
    c=c+1;
    return(a+b+c);
}
void main()
{
    int a=2,i;
    for(i=0;i<3;i++)
        printf("%d ",f(a));
    printf("\n");
}
```

程序运行后输出的结果：

7 8 9

对静态局部变量的说明：

（1）静态局部变量属于静态存储类别，在静态存储区内分配存储单元，在程序整个运行期间都不释放。

（2）静态局部变量在编译时赋初值，即只赋初值一次；而对自动变量赋初值是在函数调用时进行的，每调用一次函数重新赋给一次初值，相当于执行一次赋值语句。

（3）对静态局部变量，如果在定义变量时不赋初值，则程序在编译时，系统会自动赋初值0（对数值型变量）或"\0"（对字符变量）。而对自动变量，如果不赋初值系统会赋给它一个不确定的值。

4．register 变量

一般情况下，变量的值是存放在内存中的。为了提高效率，C 语言允许将局部变量的值放在 CPU 中的寄存器中，这种变量叫"寄存器变量"，用关键字 register 作声明。

【说明】

（1）只有局部自动变量和形式参数可以作为寄存器变量。

（2）一个计算机系统中的寄存器数目有限，不能定义任意多个寄存器变量。

（3）局部静态变量不能定义为寄存器变量。

（4）由于 register 变量的值是放在寄存器内而不是放在内存中，所以 register 变量没有地址，也就是不能对其取地址运算。

8.10 函数的嵌套调用

C 语言的函数都是平行的、独立的，不允许作嵌套的函数定义，即定义函数时，一个函数内不能包含另一个函数。各函数之间不存在上一级函数和下一级函数的问题。但是，C 语言允许在一个函数被调用的函数中出现对另一个函数的调用，这样就出现了函数的嵌套调用，即在被调函数中又调用其他函数。

【例 8.15】计算 $s=2^2!+3^2!$。

本题可编写两个函数，一个是用来计算平方值的函数 f1，另一个是用来计算阶乘值的函数 f2。主函数先调 f1 计算出平方值，再在 f1 中以平方值为实参，调用 f2 计算其阶乘值，然后返回 f1，再返回主函数，在循环程序中计算累加和。

【源程序】

```
#include <stdio.h>
long f1(int p)
{
    int k;
    long r;
    long f2(int q);/* 对 f2 函数的声明 */
    k=p * p;
    r=f2(k);
    return r;
}
```

```
long f2(int q)
{
    long c=1;
    int i;
    for (i=1;i<=q;i++)
        c=c * i;
    return c;
}
void main()
{
    int i;
    long s=0;
    for (i=2;i<=3;i++)
        s=s+f1(i);
    printf("\ns=%ld\n",s);
}
```

程序运行后输出的结果：

s＝362904

在程序中，函数 f1 和 f2 均为长整型，都在主函数之前定义，故不必再在主函数中对 f1 和 f2 加以说明。在主程序中，执行循环程序依次把 i 值作为实参调用函数 f1 求 i^2 值。在 f1 中又发生对函数 f2 的调用，这时是把 i^2 的值作为实参去调 f2，在 f2 中完成求 $i^2!$ 的计算。f2 执行完毕把 c 值（即 $i^2!$）返回给 f1，再由 f1 返回主函数实现累加。至此，由函数的嵌套调用实现了题目的要求。由于数值很大，所以函数和一些变量的类型都说明为长整型，否则会造成计算错误。

8.11　函数的递归调用

一个函数在它的函数体内调用它自身称为递归调用，这种函数称为递归函数。C语言允许函数的递归调用。在递归调用中，主调函数又是被调函数，执行递归函数将反复调用其自身，每调用一次就进入新的一层。

例如，有函数 f 如下：

```
int f(int x)
{
    int y;
    z=f(y);
    return z;
}
```

这个函数就是一个递归函数。但是，运行该函数后，该函数将无休止地调用其自身，这当然是不正确的。为了防止递归调用无终止地进行，必须在函数内有终止递归调用的手段。常用的办法是加条件判断，满足某种条件后就不再作递归调用，然后逐层返回。

【例 8.16】用递归法计算 n!。

用递归法计算 n!，即从 1 开始，乘 2，再乘 3……一直乘到 n。

【源程序】

```
#include <stdio.h>
long ff(int n)
{
    long f;
    if(r0)
        printf("n<0,input error");
    else if(n==0||n==1)
        f=1;
    else
        f=ff(n-1) * n;
    return(f);
}
void main()
{
    int n;
    long y;
    printf("\ninput a inteager number:\n");
    scanf("%d",&n);
    y=ff(n);
    printf("%d!=%ld\n",n,y);
}
```

程序运行的结果如图 8.12 所示。

程序中给出的函数 ff 是一个递归函数。主函数调用 ff 后即进入函数 ff 执行,如果 n<0, n==0 或 n=1 时,f=1 结束函数的执行,否则就

图 8.12

递归调用 ff 函数自身。由于每次递归调用的实参为 n−1,即把 n−1 的值赋予形参 n,最后当 n−1 的值为 1 时再作递归调用,形参 n 的值也为 1,将使递归终止,然后逐层退回。

设执行本程序时输入为 5,即求 5!。在主函数中的调用语句即为 y＝ff(5),进入 ff 函数后,由于 n=5,不等于 0 或 1,故应执行 f＝ff(n−1) * n,即 f＝ff(5−1) * 5。该语句对 ff 作递归调用,即 ff(4)。

进行四次递归调用后,ff 函数形参取得的值变为 1,故不再继续递归调用而开始逐层返回主调函数。ff(1) 的函数返回值为 1,ff(2) 的返回值为 1 * 2＝2,ff(3) 的返回值为 2 * 3＝6,ff(4) 的返回值为 6 * 4＝24,最后返回值 ff(5) 为 24 * 5＝120。

8.12　多文件系统中的函数调用

【例 8.17】描述两个字符串数组 str1、str2,要完成下列菜单中的功能,程序运行时首先显示菜单,然后进行各菜单项的选择并实现其功能。

*************** 字符串的操作 ***************************

　　　1.测定字符串的长度

　　　2.显示字符串

　　　3.连接两个字符串

4. 复制字符串

5. 比较字符串的大小

6. 字符串的大写字母转换成小写字母

7. 字符串的小写字母转换成大写字母

8. 退出

****

系统库函数的文件包含在文件 a. h 中。主函数定义在文件 e. ccp 中,显示、菜单选择、密码设置函数定义在文件 c. ccp 中,测定字符串的长度、显示、连接、复制、比较字符串的大小、字符串的大写字母转换成小写字母、字符串的小写字母转换成大写字母定义在文件 d. ccp 中。

分析:编写下列功能函数,它们的函数名分别如下。

(1) 测定字符串的长度   Strlen

(2) 显示字符串   List

(3) 连接两个字符串   Strcat

(4) 复制字符串   Strcpy

(5) 比较字符串的大小   Strcmp

(6) 字符串的大写字母转换成小写字母   Strlwr

(7) 字符串的小写字母转换成大写字母   Strupr

(8) 密码设置   LogOn

(9) 菜单选择函数   menu_select

(10) 主调函数   main

【步骤 1】在 Visual C++环境下新建 C++Header File,输入文件名 a. h。编辑源程序代码如下。

```
#include <stdio.h>
#include <string.h>
#include <stdlib.h>
#includeonio.h>
#define max 20
#define M 150
#define N 50
```

【步骤 2】再次新建 C++Header File,输入文件名 b. h。编辑源程序代码如下。

```
int menu_select();
void Strlen(char str[]);
void List(char str[]);
void Strcat(char str1[],char str2[]);
void Strcpy(char str1[],char str2[]);
void Strcmp(char str1[],char str2[]);
void Strlwr(char str[]);
void Strupr(char str[]);
int LogOn();
```

【步骤 3】新建 C++Sourse File,输入文件名 c. ccp。编辑源程序代码如下。

```
int menu_select()
{
```

```
    int c;
    printf("\n\n\n 按回车键进入菜单...................\n");
    printf(" *************** 字符串的操作 *************************** \n");
    printf("                      1.测定字符串的长度\n");
    printf("                      2.显示字符串\n");
    printf("                      3.连接两个字符串\n");
    printf("                      4.复制字符串\n");
    printf("                      5.比较字符串的大小\n");
    printf("                      6.字符串的大写字母转换成小写字母\n");
    printf("                      7.字符串的小写字母转换成大写字母\n");
    printf("                      8.退出\n");
    printf(" ******************************************* ");
    do
    {
        printf("\n 请输入你的选择 (1~8) :");
        scanf("%d",&c);
        return c;
    }while((c<1) ||(c>8));
}
void List(char str[])
{
printf("\n ************** 显示字符串 ***************** \n");
    printf("%s",str);
printf("\n ************** 显示结束 ***************** \n");
}


int LogOn()
/* 登录模块,已实现输入密码不回显,如果中途发现输错某几位,则可按退格键重输 */
{
char username[max],password[max];
printf("\n 请输入用户名:");
scanf("%s",username);
printf("\n 请输入密码 (最多 15 位):");
/* 开始以不回显且支持退格方式获取输入密码 */
int i=0;
while((i>=0)&&(password[i++]=getch())!=13)
/* 条件 i>=0 是用于限制退格的范围 */
{
    if(password[i-1]=='\b')//对退格键的处理
    {
        printf("%c%c%c",'\b','\0','\b');
        i=i-2;
    }
    else
        printf("*");
}
```

```
password[--i]='\0'; /* 已获取密码。验证用户身份 */
if(!strcmp(username,"zhang")&&!strcmp(password,"87495137"))
{
    printf("\n登录成功!请按回车键继续后面的操作");
    return 1;
}
else
    return 0;
}
```

【步骤 4】新建 C++ Sourse File,输入文件名 d. ccp。编辑源程序代码如下。

```
void Strlen(char str[])
{
int length;
length=strlen(str);
printf("字符串 str1 的长度=:\n");
printf("%d\n",length);
}
void Strcat(char str1[],char str2[])
{
int length1,length2;
length1=strlen(str1);
length2=strlen(str2);
if((M-length1) >length2)
{
    printf("\n************** 字符串的连接 ***************** \n");
    strcat(str1,str2);
    printf("%s",str1);
    printf("\n************** 字符串的连接成功 ***************** \n");
}
else
    printf("\n************** 字符串 1 的空间太小,不能连接 *****************
\n");

}
void Strcpy(char str1[],char str2[])
{
    printf("\n************** 字符串的复制 ***************** \n");
    strcpy(str1,str2);
    printf("%s",str1);
    printf("\n************** 字符串的复制成功 ***************** \n");
}

void Strcmp(char str1[],char str2[])
{
int i;
printf("\n************** 字符串的比较 ***************** \n");
```

```
i=strcmp(str1,str2);
if (i>0)
    printf("字符串 str1>字符串 str2");
else if(i==0)
    printf("字符串 str1=字符串 str2");
        else
        printf("字符串 str1<字符串 str2");
printf("\n************** 字符串的比较完成 **************** \n");
}
void Strlwr(char str[])
{
printf("\n********* 字符串的大写字母转换成小写字母 *********** \n");
    strlwr(str);
printf("%s",str);
printf("\n************** 转换成功 **************** \n");
}
void Strupr(char str[])
{
printf("\n********* 字符串的小写字母转换成大写字母 *********** \n");

    strupr(str);
printf("%s",str);
printf("\n************** 转换成功 **************** \n");
}
```

【步骤 5】新建 C++ Sourse File,输入文件名 e.ccp。编辑源程序代码如下。

```
#include <string.h>
#include <stdio.h>
#include <stdlib.h>
#include "a.h"
#include "b.h"
#include "c.cpp"
#include "d.cpp"
int main()
{
char str1[M],str2[N];
printf("\nzcx87495137@ sina.com");
printf("\n欢迎使用字符串函数系统!\n"); /* 登录模块 */
int icheck=0;
while(icheck<3)
{
    if(LogOn()==0)
        icheck++;
    else
        break;
}
if(icheck==3)
```

```
    {
        printf("\n 连续登录三次不成功,退出!");
exit(0);
    }
        getch();
printf("\n********* 请输入字符串 str1 *********** \n");
        gets(str1);
printf("\n********* 请输入字符串 str2 *********** \n");
        gets(str2);
for(;;)
    {
        switch(menu_select())
        {
        case 1:Strlen(str1);break;
        case 2:List(str1);break;
        case 3:Strcat(str1,str2);break;
        case 4:Strcpy(str1,str2);break;
        case 5:Strcmp(str1,str2);break;
        case 6:Strlwr(str1);break;
        case 7:Strupr(str1);break;
        case 8:exit(0);
        }
    }
    return 0;
    }
```

【步骤 6】编译文件名 e. ccp 程序,运行 e. ccp。

【任务 8.6】请调试【例 8.17】程序。

【任务 8.7】在程序中增加一个函数,其功能是在字符串中删除某一个元素。

【任务 8.8】在程序中增加一个函数,其功能是在字符串增加一个元素。

【任务 8.9】在程序中增加一个函数,其功能是在字符串查找一个元素。

【任务 8.10】在程序中增加一个函数,其功能是按升序对字符串元素排序。

【任务 8.11】在程序中增加一个函数,其功能是在字符串快速查找一个元素。

【任务 8.12】模拟【例 8.17】,描述一个整数数组,要完成下列菜单的功能。程序运行时首先显示菜单,然后进行各菜单项的选择并实现其功能。

```
*******************************************************************
        0.输入数组元素
        1.显示全部数组元素
        2.查找数组元素
        3.删除数组元素
        4.增加数组元素
        5.从小到大排序数组元素
        6.快速查找数组元素
        7.退出数组元素

*******************************************************************
```

第 9 章 指 针

指针是 C 语言中广泛使用的一种数据类型，运用指针编程是 C 语言最主要的风格之一。利用指针变量可以表示各种数据结构，能很方便地使用数组和字符串，并能像汇编语言一样处理内存地址，从而编出精练而高效的程序，指针极大地丰富了 C 语言的功能。学习指针是学习 C 语言的最重要的一环，能否正确理解和使用指针是我们是否掌握了 C 语言的一个标志。同时，指针也是 C 语言中最为困难的一部分，在学习中除了要正确理解基本概念，还必须多编程，上机调试。只要做到这些，指针也是不难掌握的。

知识点

- 指针的概念与赋值
- 指针的运算
- 指针在一维数组中的应用
- 指针数组的概念

9.1 指针的概念

1. 和变量的有关概念

变量的存储内容：数据值。

变量的空间大小：数据类型。

变量的空间位置：地址。

变量的生存周期：存储类别。

在计算机中，所有的数据都是存放在存储器中的，系统为变量分配内存单元的地址，是一个无符号整型数。为了正确地访问这些内存单元，必须为每个内存单元编上号，根据一个内存单元的编号即可准确地找到该内存单元，内存单元的编号也叫做地址。既然根据内存单元的编号或地址就可以找到所需的内存单元，所以通常也把这个地址称为指针，内存单元的指针和内存单元的内容是两个不同的概念。

可以用一个通俗的例子来说明它们之间的关系。我们到银行去存取款时，银行工作人员将根据我们的账号去找我们的存款单，找到之后在存单上写入存款、取款的金额。在这里，账号就是存单的地址，也就是指针，存款数是存单的内容。

2. 指针变量的概念

在 C 语言中，允许用一个变量来存放地址（指针），这个变量称为指针变量。因此，指针变量的值就是某个内存单元的地址，如图 9.1 所示。

在图 9.1 中，设有字符变量 c，其内容为"K"（ASCII 码为十进制数 75），c 占用了 011A 号单元（地址用十六进制数表示）。设有指针变量 p，指针变量 p 的内容为 011A。这种情况称为 p 指向变量 c，或说 p 是指向变量 c 的指针。

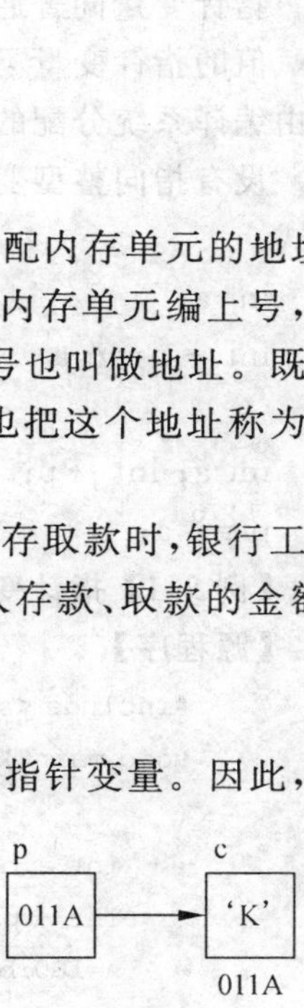

图 9.1

严格地说，一个指针是一个地址，是一个常量。而一个指针变量却可以被赋予不同的指针值，是变量，但常把指针变量简称为指针。

指针是一个变量，它和普通变量一样占用一定的存储空间，但指针的存储空间中存放的不是普通的数据，而是一个地址。

3. 指针变量的定义

指针变量的一般形式为：

类型符　＊指针变量名

其中，＊表示这是一个指针变量，指针变量的类型是指向内存中存放的数据的类型（不是地址的类型，地址的类型都是一个无符号整型数）。

例如：

int ＊p1;

表示 p1 是一个指针变量，它的值是某个整型变量的地址，或者说 p1 指向一个整型变量。

再如：

```
float * p2;          /* p2是指向浮点变量的指针变量 */
char * p3;           /* p3是指向字符变量的指针变量 */
```

在定义指针变量时需要注意以下几点。

（1）指针变量只能指向同类型的变量，如 p2 只能指向浮点变量，不能时而指向一个浮点变量，时而又指向一个字符变量。

（2）指针变量名前面的"＊"是一个说明符，用来说明该变量是指针变量，这个"＊"是不能省略的，但是它不是变量名的一部分。

4. 指针变量的初始化

指针变量同普通变量一样，使用之前不仅要定义说明，而且必须赋予具体的值。未经赋值的指针变量不能使用，否则将造成系统混乱，甚至死机。在 C 语言中，变量的地址是由编译系统分配的。

设有指向整型变量的指针变量 p，如要把整型变量 a 的地址赋予 p，可以有以下两种方式：

int a;

int ＊p＝&a;

或

int a; int ＊p;

p＝&a;

【例 9.1】指针变量的定义。

【源程序】

```
#include <stdio.h>
void main()
{
    int a,b;
    int * pa, * pb;       /* 定义指针变量 */
    a=100;b=10;
    pa=&a;                /* 把变量 a 的地址赋给 pa */
    pb=&b;                /* 把变量 b 的地址赋给 pb */
```

```
        printf("%d,%d\n",a,b);
        printf("%d,%d\n", * pa, * pb);
    }
```

程序中有两处出现了 * pa 和 * pb,请区分它们不同的含义。程序第 5 行 * pa 和 * pb 表示定义了两个指针变量 * pa、* pb,它们前面的"*"只是表示该变量是指针变量。程序第 9 行 printf 函数中的 * pa 和 * pb 则代表 * pa 和 * pb 所指向的变量。

程序运行后输出的结果为:

100,10

100,10

9.2 指针的操作

定义了一个指针变量后就可以对该指针变量进行各种操作,对指针变量的操作包括给指针变量赋值,通过指针变量引用存储单元和移动指针。

1. 两个运算符——"*"和"&"

*、&:优先级相同,且右结合,与++、——、! 等单目运算符的优先级相同。

(1) & 任意变量(取地址运算符)。

&a 表示变量 a 所占据的内存空间的首地址。

(2) * 指针变量(指针运算符)。

* p 表示指针变量 p 所指向的内存中的数据。

在 * 运算符之后跟的变量必须是指针变量。& * a 是错误的。

(3) 取内容

a= * p;

存内容

* p=100;

【说明】

(1) * p 若出现在"="的右边或其他表达式中则为取内容,取出指针变量所指向变量的值。

(2) * p 若出现在"="的左边则为存内容,将"="右边的值赋值给指针 p 所指向的变量。

(3) 运算符 &:只能作用于在内存中体现地址的对象(在内存中为该对象分配了存储空间),如变量、数组元素等,而形如 &(x+3) 和 &5 则是非法的。

【思考】

& * p 表达式是何含义? * &a 表达式是何含义?

2. 赋值运算

可对相同类型的指针变量赋值,即指针变量可以相互赋值。

```
    int a, * p1, * p2;
    p1=&a;
    p2=p1;
```

由于不允许把一个数赋予指针变量,故下面的赋值是错误的:

```
    int * p;p=1000; /* 直接赋数值 */
    * p=&a;/* 非定义时的错误赋值 */
```

3. 指针运算

对指针可以进行算术运算、关系运算。

```
int i,j, * p;
p=&i;
* p=3;
j= * p+5;
```

【例 9.2】指针的运算举例。

【源程序】

```
#include <stdio.h>
void main()
{
    int a=10,b=20,s,t, * pa, * pb; /* 说明 pa、pb 为整型指针变量 */
    pa=&a;              /* 给指针变量 pa 赋值,pa 指向变量 a */
    pb=&b;              /* 给指针变量 pb 赋值,pb 指向变量 b */
    s= * pa+ * pb;      /* 求 a+b 之和( * pa 就是 a 的值, * pb 就是 b 的值) */
    t= * pa ** pb;      /* 求 a * b 之积 */
    printf("a=%d\nb=%d\na+b=%d\na * b=%d\n",a,b,a+b,a * b);
    printf("s=%d\nt=%d\n",s,t);
}
```

程序运行后输出的结果为:

a＝10

b＝20

a＋b＝30

a＊b＝200

s＝30

t＝200

【任务 9.1】输入 a 和 b 两个整数,通过调换地址,按先大后小的顺序输出 a 和 b。

9.3　指向数组元素的指针

指针是一个很重要的概念,在实际使用中,指针变量通常应用于数组,因为数组在内存中是连续存放的。指针应用于数组将会使程序的概念十分清楚、精炼和高效。所谓数组的指针是指数组的起始地址,数组名就是这块连续内存单元的首地址。

1. 一维数组指针变量

指向数组元素的指针变量和指向一般变量的指针变量一样,因此定义指向数组元素的指针变量的方法也一样。

例如:

```
int a[10];           /* 定义 a 为包含 10 个整型数据的数组 */
int * p;             /* 定义 p 为指向整型变量的指针 */
p=&a[0];
```

把 a[0]元素的地址赋给指针变量 p。也就是说,p 指向 a 数组的第 0 号元素,如图 9.2 所示。

C 语言规定,数组名代表数组的首地址,也就是第 0 号元素的地址。因此,下面两个语句等价：

　　p=&a[0]；等价于 p=a；

【说明】

数组 a 不代表整个数组，不可以把"p=a"理解为把数组 a 的所有元素的值都赋给了 p。

在定义指针变量时可以赋初值：

　　int * p=&a[0];

等效于

　　int * p;

　　p=&a[0];

当然定义时也可以写成：

　　int * p=a;

从图 9.2 可以看出以下关系。

p、a、&a[0]均指向同一单元，它们是数组 a 的首地址，也是 0 号元素 a[0]的首地址。应该说明的是，p 是变量，而 a、&a[0]都是常量，p++是可以的，但 a++是不可以的，在编写程序时应予以注意。

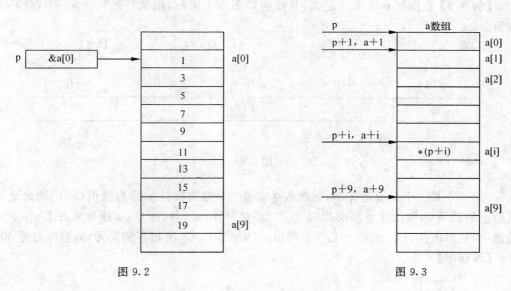

图 9.2　　　　　　　　　　　　　　　　　　　图 9.3

2. 通过指针引用一维数组元素

C 语言规定：如果指针变量 p 已指向数组中的一个元素，则 p+1 指向同一数组中的下一个元素。引入指针变量后，就可以用两种方法来访问数组元素了。

(1) 下标法，用 a[i]形式访问数组元素。

(2) 指针法，采用 * (a+i)或 * (p+i)形式访问数组元素。

如图 9.3 所示，如果 p 的初值为 &a[0]，则

(1) p+i 和 a+i 就是 a[i]的地址，或者说它们指向 a 数组的第 i 个元素。

(2) * (p+i)或 * (a+i)就是 p+i 或 a+i 所指向的数组元素的值，即 a[i]。

例如，* (p+5)或 * (a+5)就是 a[5]。

(3) 指向数组的指针变量也可以带下标，如 p[i]与 * (p+i)等价。

【说明】

数组元素的下标在内部实现时,统一按"基地址+位移"的方式处理。即:

a a+1 a+i

故表示数组元素的地址可以用 p+i、a+i 表示。

表示数组元素的内容可以用 a[i] 、*(p+i) 、*(a+i) 表示。

9.4 指针变量的复杂运算

见图 9.3,设 p=a;即 p 指向 a 的首地址。

(1) *p++:++和 * 同优先级,结合方向自右而左,由于++在 p 的右侧,是"后加"(即先取值再加),因此先对 p 的原值进行 * 运算,得到 p 指向数组元素 a[i]的值,然后使 p 加 1,即指针向后移一个位置,这样 p 不再指向 a[i]。 *(p++)亦与此等价。

(2) *++p:先使 p 加 1,即指针向后移一个位置,再取 * p 的值。

(3) (* p)++、++(* p)、++ * p:++是对值的运算,不是对指针的运算。

【例 9.3】若指针 p 已正确定义,其指向如图 9.4 所示,则执行语句 * p++;后,* p 的值是(   )。

A. 20   B. 30   C. 21   D. 31

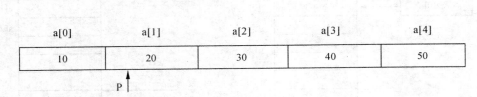

图 9.4

* p++ 是一个后缀运算符,因此表达式 p++ 的值就是 p 的当前值(a[1]的地址),然后 p 的值增 1,即指针 p 移动指向下一个存储单元(a[2])(注意:本题并未去求 * p++的值,而是求出执行了 * p++后 * p 的值)。因此,* p(p 所指存储单元)的值应当是 30。

【源程序】

```
#include <stdio.h>
void main()
{
    int a[]={10,20,30,40,50};
    int * p ;
    p=&a[1];
    * p++;
    printf("%d\n",* p);
}
```

【例 9.4】若指针 p 已正确定义,其指向如图 9.5 所示,则表达式 * ++p;的值是(   )。

A. 20   B. 30   C. 21   D. 31

* ++p 是一个前缀运算符,p 先进行增 1 运算,使 p 指向 a[2],a[2]的地址作为表达式++p 的值。

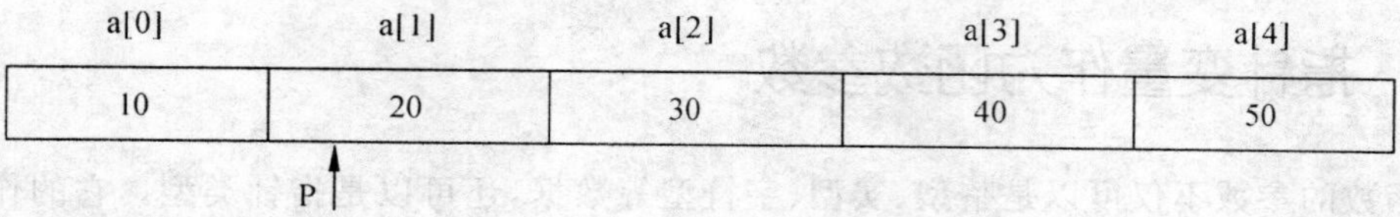

a[0]	a[1]	a[2]	a[3]	a[4]
10	20	30	40	50

P

图 9.5

【源程序】

```
#include <stdio.h>
void main()
{
    int a[]={10,20,30,40,50};
    int * p ;
    p=&a[1];
printf("%d\n", * ++p);
}
```

【思考】

如果在 p=&a[1];语句之后加上 * p++;语句,结果又会如何?

【任务 9.2】 若指针 p 已正确定义,其指向如图 9.6 所示,则表达式++ * p;的值是
( )。

A. 20　　　　　　　B. 30　　　　　　　C. 21　　　　　　　D. 31

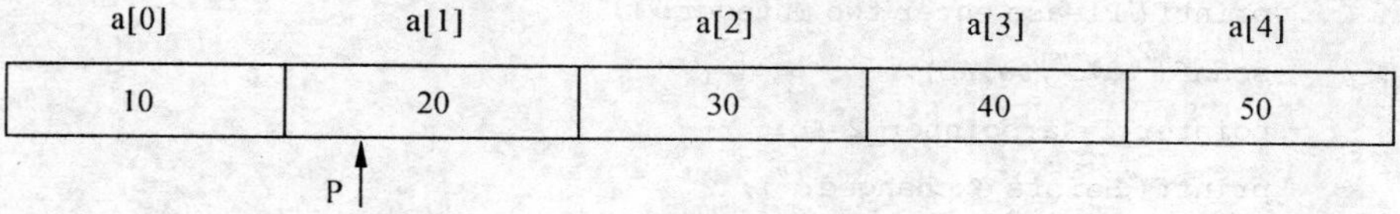

a[0]	a[1]	a[2]	a[3]	a[4]
10	20	30	40	50

P

图 9.6

++ * p 首先是表达式 * p,由于 p 指向 a[1],所以 * p 是取 a[1]的值。

【任务 9.3】 下列程序要解决的问题是,用指针的方式从键盘输入数组元素,然后输出数组元素(设有 10 个数组元素)。请调试程序,看程序是否有错误? 如何解决。

【源程序】

```
#include <stdio.h>
void main()
{
    int * p,i,a[10];
    p=a;
    for(i =0;i<10;i++,p++)
        scanf("%d",p);
    for(i=0;i<10;i++,p++)
        printf("a[%d]=%d\n",i, * p++);
}
```

9.5 指针变量作为函数参数

函数的参数不仅可以是整型、实型、字符型等数据,还可以是指针类型。它的作用是将一个变量的地址传送到另一个函数中。

【例9.5】用指针类型的数据作函数参数,输入 a 和 b 两个整数,交换这两个数,并输出。

【源程序】

```c
#include <stdio.h>
void swap(int * p1,int * p2)
{
    int temp;
    temp= * p1;
    * p1= * p2;
    * p2=temp;
}
void main()
{
    int a,b;
    int * pointer_1, * pointer_2;
    printf("Please enter two integer:");
    scanf("%d%d",&a,&b);
    pointer_1=&a;pointer_2=&b;
    printf("Before exchanged:");
    printf("a=%d b=%d\n",a,b);
    swap(pointer_1,pointer_2);
    printf("After exchanged:      ");
    printf("a=%d b=%d\n",a,b);
}
```

对程序的说明:

swap 是用户定义的函数,它的作用是交换两个变量的值。swap 函数的形参 p1、p2 是指针变量。程序运行时,先执行 main 函数,输入 a 和 b 的值。然后,将 a 和 b 的地址分别赋给指针变量 pointer_1 和 pointer_2,使 pointer_1 指向 a,pointer_2 指向 b,如图9.7 所示。

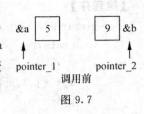

图 9.7

实参 pointer_1 和 pointer_2 是指针变量,在函数调用时,将实参变量的值传递给形参变量,如图9.8 所示。采取的依然是"值传递"方式,因此虚实结合后形参 p1 的值为 &a,p2 的值为 &b。这时,p1 和 pointer_1 指向变量 a,p2 和 pointer_2 指向变量 b。

接着执行 swap 函数的函数体,使 * p1 和 * p2 的值互换,也就是使 a 和 b 的值互换,如图9.9 所示。

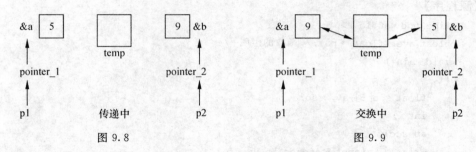

图 9.8   图 9.9

函数调用结束后,p1 和 p2 不复存在(已释放),如图 9.10 所示。最后,在 main 函数中输出的 a 和 b 的值是已经过交换的值。

程序运行的结果如图 9.11 所示。

图 9.10   图 9.11

【任务 9.4】请找出下列程序段中的错误:

```
swap(int * p1,int * p2)
{
    int * temp;
    * temp= * p1;
    * p1= * p2;
    * p2= * temp;
}
```

9.6 数组名作函数参数

当数组名作为函数的参数时,在函数的调用时,实际传递给函数的是该数组的起始地址,即指针值。所以,实参可以是数组名或指向数组的指针变量。而被调函数的形参,既可以说明为数组,也可以说明为指针。

由于数组名就是数组的首地址,因此函数的实参和形参都可以使用指向数组的指针或者数组名,函数的形参和实参有四种等价形式,这四种等价形式本质是一种,即指针变量作为函数的参数。

(1)形参和实参都是数组名。

(2)实参用数组名,形参用指针变量。

(3)实参、形参都用指针变量。

(4)实参为指针变量,形参为数组名。

【例 9.6】求 5 个数的平均值。

用指针变量作为函数的实参和形参。

【源程序】

```
#include <stdio.h>
float aver(float * pa);/* 函数的声明 */
void main()
{
    float sco[5],av, * sp;
    int i;
    sp=sco;
    printf("\ninput 5 scores:\n");
    for(i=0;i<5;i++)
        scanf("%f",&sco[i]);
    av=aver(sp);
    printf("average score is %5.2f\n",av);
}
float aver(float * pa)
{
    int i;
    float av,s=0;
    for(i=0;i<5;i++)
        s=s+ * pa++;
    av=s/5;
    return av;
}
```

程序运行的结果如图9.12所示。

【任务9.5】 形参和实参都用数组名,重写上述程序。

【任务9.6】 实参用数组名,形参用指针变量,重写上述程序。

【任务9.7】 实参用指针变量,形参用数组名,重写上述程序。

【例9.7】 将数组 a 中的 n 个整数按相反顺序存放。

1. 用数组的方法编写代码

将 a[0] 与 a[n-1] 对换,再将 a[1] 与 a[n-2] 对换……直到将 a[(n-1/2)] 与 a[n-int((n-1) /2)] 对换。用循环处理此问题,设两个"位置指示变量"i 和 j,i 的初值为 0,j 的初值为 n-1。将 a[i] 与 a[j] 交换,然后使 i 的值加 1,j 的值减 1,再将 a[i] 与 a[j] 交换,直到 i=(n-1) /2 为止,如图9.13所示。

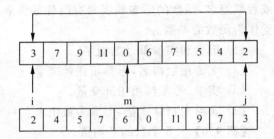

图 9.12

图 9.13

【源程序】

```
#include <stdio.h>
void inv(int x[ ],int n)/* 形参 x 是数组名 */
{
    int temp,i,j,m=(n-1) /2;
    for(i=0;i<=m;i++)
    {
        j=n-1-i;
        temp=x[i];
        x[i]=x[j];
        x[j]=temp;
    }
}
void main()
{
    int i,a[10]={3,7,9,11,0,6,7,5,4,2};
    printf("The original array:\n");
    for(i=0;i<10;i++)
        printf("%d,",a[i]);
    printf("\n");
    inv(a,10);
    printf("The array has benn inverted:\n");
    for(i=0;i<10;i++)
        printf("%d,",a[i]);
    printf("\n");
}
```

2. 用指针的方法编写代码

先定义两个指针 p1 和 p2,让 p1 指向数组的首地址,p2 指向数组的最后一个元素,交换两个指针所指的元素值,然后 p1＋＋前移,p2－－后移,再交换两个指针所指的元素,循环直到 p1 大于 p2 为止。

【源程序】

```
#include <stdio.h>
void inv(int * p,int n)
{
    int * p1,temp, * p2;
    p1=p;
    p2=p+n-1;
    for(;p1<=p2;p1++,p2--)
    {
        temp= * p1;
        * p1= * p2;
        * p2=temp;
    }
```

```
    }
    void main()
    {
        int i,a[10]={3,7,9,11,0,6,7,5,4,2}, * p;
        p=a;
        printf("The original array:\n");
        for(i=0;i<10;i++,p++)
            printf("%d,", * p);
        printf("\n");
        p=a;
        inv(p,10);
        printf("The array has benn inverted:\n");
        for(p=a;p<a+10;p++)
            printf("%d,", * p);
        printf("\n");
    }
```

【任务 9.8】 从键盘输入一个字符串,用数组的方法把此字符串反序排列。

【任务 9.9】 从键盘输入一个字符串,用指针的方法把此字符串反序排列。

9.7　字符串指针变量

每一个字符串常量都分别占用内存中一串连续的存储空间,以存储空间的首地址表示字符串,因而可以用字符串指针变量指向字符串的首地址。其一般形式为:

　　char　*指针变量

注意:指针变量"指向"字符串的首地址,不是"存放"字符串。

例如:

char * p, p="This is a book";

char * q="Language";

【例 9.8】 输出字符串中 n 个字符后的所有字符。

【源程序】

```
    #include <stdio.h>
    void main()
    {
        char * ps=" HuBei Open University";
        int n=10;
        ps=ps+n;
        printf("%s\n",ps);
    }
```

程序运行结果为:

book

在程序中对 ps 初始化,即把字符串首地址赋予 ps,当 ps＝ps＋10 之后,ps 指向字符"b",因此输出为"University"。

【例 9.9】在输入的字符串中查找有无'k'字符。

【源程序】

```
#include <stdio.h>
void main()
{
    char st[20], * ps;
    int i;
    printf("input a string:\n");
    ps=st;
    scanf("%s",ps);
    for(i=0;ps[i]!='\0';i++)
        if(ps[i]=='k')
        {
            printf("there is a 'k' in the string\n");
            break;
        }
        if(ps[i]=='\0')
            printf("There is no 'k' in the string\n");
}
```

程序运行的结果如图 9.14 所示。

```
input a string:
dfkg;ldfkgert
there is a 'k' in the string
```

图 9.14

用字符数组和字符指针变量都可实现字符串的存储和运算,但是两者是有区别的。在使用时应注意以下几个问题。

(1) 存储的内容不同:字符串指针变量本身是一个变量,用于存放字符串的首地址。字符数组是由若干个数组元素组成的,它可用来存放整个字符串。

(2) 赋值方式不同:字符数组只能对各个元素赋值(一次只赋一个字符,要赋若干次)。字符指针变量只赋值一次,赋的是地址。

对字符串指针方式:

```
char * ps="HuBei Open University";
```

可以写为

```
char * ps; ps="HuBei Open University";
```

而对数组方式:

```
char st[]={"HuBei Open University"};
```

不能写为

```
char st[20]; st={"HuBei Open University"};
```

只能对字符数组的各元素逐个赋值。

(3) 当没有赋值时,字符数组名代表了一个确切的地址,字符指针变量中的地址是不确定的。当一个指针变量在未取得确定地址前使用是危险的,容易引起错误。

(4)字符数组名不是变量,不能改变值;而字符指针变量可以改变值。

【思考】下面程序有没有错误? 如果有,应如何改正?

```
#include <stdio.h>
void main()
{
    char str[]="HuBei Open University!";
    str=str+7;
    printf("%s\n",str);
}
```

(5)可以像数组那样用下标形式引用指针变量所指字符串中的字符。

9.8 指针与二维数组

1. 二维数组的地址

设有整型二维数组 a[3][4],它的定义为:

int a[3][4]={{2,4,6,8},{10,12,14,16},{18,20,22,24}}

设数组 a 的首地址为 1000,各下标变量的首地址及其值如图 9.15 所示。

1000 2	1002 4	1004 6	1006 8
1008 10	1010 12	1012 14	1014 16
1016 18	1018 20	1020 22	1022 24

图 9.15

前面介绍过,C 语言允许把一个二维数组分解为多个一维数组来处理,因此数组 a 可分解为三个一维数组,即 a[0]、a[1]、a[2]。每一个一维数组又含有四个元素,如图 9.16 所示。

a						
a[0]	=	1000 2	1002 4	1004 6	1006 8
a[1]	=	1008 10	1010 12	1012 14	1014 16
a[2]	=	1016 18	1018 20	1020 22	1022 24

图 9.16

例如,a[0]数组,含有 a[0][0]、a[0][1]、a[0][2]、a[0][3]四个元素。

从二维数组的角度来看,a 是二维数组名,a 代表整个二维数组的首地址,也是二维数组 0 行的首地址,设整型二维数组 a 的首地址是 1000,a+1 代表第一行的首地址,等于 1008,a+2 代表第二行的首地址,等于 1016,如图 9.17 所示。

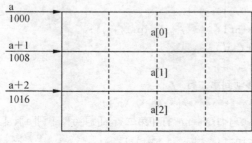

图 9.17

有关二维数组的元素、元素的地址、行首地址的表示方法如表 9.1 所示。

表 9.1

二维数组元素的表示	二维数组元素的地址表示	二维数组行首地址的表示
a[i][j]	&a[i][j]	a[i]
((a+i)+j)	*(a+i)+j	a[i]
*(a[i]+j)	a[i]+j	*(a+i)

2. 指向二维数组的指针变量

把二维数组 a 分解为一维数组 a[0],a[1],a[2] 之后,设 p 为指向二维数组的指针变量,可定义为:

int (*p)[4]

它表示 p 是一个指针变量,指向包含 4 个元素的一维数组。若指向第一个一维数组 a[0],其值等于 a、a[0] 或 &a[0][0] 等。而 p+i 则指向一维数组 a[i]。从前面的分析可得出 *(p+i)+j 是二维数组 i 行 j 列的元素的地址,而 *(*(p+i)+j) 则是 i 行 j 列元素的值。

二维数组指针变量说明的一般形式为:

类型说明符 (*指针变量名)[长度]

其中,"类型说明符"为所指数组的数据类型;"*"表示其后的变量是指针类型;"长度"表示二维数组分解为多个一维数组时,一维数组的长度,也就是二维数组的列数。应注意 "(*指针变量名)"两边的括号不可少,如缺少括号则表示是指针数组,意义就完全不同了。

【例 9.10】分析程序运行后的结果。

【源程序】

```
#include <stdio.h>
void main()
{
    int a[3][4]={1,3,5,7,9,11,13,15,17,19,21,23};
    int(*p)[4];
```

```
        int i,j;
        p=a;
        for(i=0;i<3;i++)
        {
            for(j=0;j<4;j++)
                printf("%4d",*(*(p+i)+j));
            printf("\n");
        }
        p++; /* p移动到第二行 */
        printf(" ******************** \n");
            for(j=0;j<3;j++)/* 打印第二行 a[1][0]、a[1][1]、a[1][2]的值 */
                printf("%4d",*(*p+j));
        printf("\n");
    }
```

程序运行的结果如图 9.18 所示。

数组指针指向二维数组的首地址 p＝a,在双重循环中输出 *(*(p+i)+j),它实际上代表数组元素 a[i][j],即分行输出二维数组的所有元素。然后,p++指向下一行的首地址,输出 *(*p+j)相当于 p[0][j],即为当前的 3 个元素。

图 9.18

【思考】

在上例中,p＝a,数组指针指向二维数组的首地址,当执行 p++后,p 指向何处?

9.9　指针数组

1. 指针数组的定义

一个数组的元素值为指针则是指针数组。指针数组说明的一般形式为:

类型说明符 ＊数组名[数组长度]

其中,类型说明符为指针值所指向的变量的类型。

例如:

int ＊pa[3]

表示 pa 是一个指针数组,它有三个数组元素,每个元素值都是一个指针,指向整型变量。

应该注意指针数组和二维数组指针变量的区别,这两者虽然都可用来表示二维数组,但是其表示方法和意义是不同的。

二维数组指针变量是单个的变量,其一般形式中"(＊指针变量名)"两边的括号不可少。而指针数组类型表示的是多个指针(一组有序指针)。在一般形式中"＊指针数组名"两边不能有括号。

例如:

int (＊p)[3];

表示一个指向二维数组的指针变量。该二维数组的列数为 3,或分解为一维数组的长度为 3。

int ＊p[3]

表示 p 是一个指针数组,有三个下标变量 p[0]、p[1]、p[2]均为指针变量。

2. 指针数组表示一组字符串

指针数组的每个元素被赋予一个字符串的首地址。例如,采用指针数组来表示一组字符串。

```
char ＊name[]={"Sunday",
              "Monday",
              "Tuesday",
              "Wednesday",
              "Thursday",
              "Friday",
              "Saturday"
             };
```

完成这个初始化赋值后,name[0]即指向字符串"Sunday",name[1]指向"Monday"……

3. 指针数组也可以用做函数参数

【例 9.11】输入 5 个字符串并按字母顺序排列后输出。

【源程序】

```
#include"string.h"
#include"stdio.h"
void sort(char ＊name[],int n);
void print(char ＊name[],int n);
void main()
{
    char ＊name[]={"Goodbyb","Computer","Flash","Maya","AutoCad"};
    int n=5;
    sort(name,n);
    print(name,n);
}
void sort(char ＊name[],int n)
{
    char ＊pt;
    int i,j,k;
    for(i=0;i<n-1;i++)
    {
        k=i;
        for(j=i+1;j<n;j++)
            if(strcmp(name[k],name[j])>0) k=j;
        if(k!=i)
        {
            pt=name[i];
            name[i]=name[k];
            name[k]=pt;
        }
```

```
    }
}
void print(char * name[],int n)
{
    int i;
    for (i=0;i<n;i++)
        printf("%s\n",name[i]);
}
```

本程序定义了两个函数,一个函数名为 sort,用于完成排序,其形参为指针数组 name,即为待排序的各字符串数组的指针,形参 n 为字符串的个数;另一个函数名为 print,用于排序后字符串的输出,其形参与 sort 的形参相同。在主函数 main 中,定义了指针数组 name,并进行了初始化赋值,然后分别调用 sort 函数和 print 函数完成排序和输出。

需要说明的是,在 sort 函数中对两个字符串比较,采用了 strcmp 函数,strcmp 函数允许参与比较的字符串以指针方式出现。name[k]和 name[j]均为指针,因此是合法的。字符串比较后需要交换时,只交换指针数组元素的值,而不交换具体的字符串。

程序运行后输出的结果为:

AutoCad
Computer
Flash
Goodbyb
Maya

第10章 结构体及其应用

数据类型丰富是 C 语言的主要特点之一。前面介绍了 C 语言的基本数据类型和数组,这些数据类型应用很广。但是,在实际问题中,一组数据往往具有不同的数据类型,用简单数据类型和数组都难以表示,为此,C 语言提供了结构体和共同体。本章重点讨论结构体,同时介绍枚举类型及用 typedef 自定义类型。

知识点

- 结构体
- 结构体指针变量
- 枚举类型
- 用户定义类型

10.1 结构体的基本概念

在实际问题中,一组数据往往具有不同的数据类型。例如,在描写一个学生的基本情况时,涉及学生的姓名、学号、年龄、性别、成绩,显然不能用一个数组来存放这一组数据,因为要求数组中各元素的类型和长度都必须一致。为了解决这个问题,C 语言中给出了另一种构造数据类型——"结构(structure)"或叫"结构体"。"结构"是一种构造类型,它是由若干"成员"组成的,每一个成员可以是一个基本数据类型,或者又是一个构造类型。结构数据类型在使用之前必须先定义它。

1. 结构体类型定义

一个结构体的一般形式为:

struct 结构名

    {

    成员表列

    };

成员表列由若干个成员组成,每个成员都是该结构的一个组成部分。对每个成员也必须作类型说明,其形式为:

类型说明符　成员名;

成员名的命名应符合标识符的书写规定。例如:

```
struct stu
    {
        int num;
        char name[8];
        char sex;
        float score[3];
    };
```

在这个结构定义中,结构名为 stu,该结构由 4 个成员组成。第一个成员为 num,整型变量;第二个成员为 name,字符数组;第三个成员为 sex,字符变量;第四个成员为 score,实型数组。注意:在括号后的分号是不可少的。

结构定义之后,即可进行变量说明,凡说明为结构 stu 的变量都由上述 4 个成员组成,由此可见,结构是一种复杂的数据类型,是数目固定、类型不同的若干有序变量的集合。

【说明】

(1) 此定义仅仅是结构体类型的定义,它说明了结构体类型的构成情况,C 语言并没有为其分配存储空间。

(2) 结构体中的每个数据成员称为“分量”或“域”,它们并不是变量,在实际应用中还需要定义结构体变量。

2. 结构类型变量的定义

定义结构变量常用以下两种方法。下面以上面定义的结构体 stu 为例来加以说明。

(1) 先定义结构,再说明结构变量。

例如:

```
struct stu
    {
        int num;
        char name[8];
        char sex;
        float score[3];
    };
struct stu boy1,boy2;
```

说明了两个变量 boy1 和 boy2 为 stu 结构类型。

(2) 在定义结构类型的同时说明结构变量。

例如:

```
struct stu
    {
        int num;
        char name[8];
        char sex;
        float score[3];
    } boy1,boy2;
```

3. 结构体变量占据的内在空间

定义了结构体变量 boy1,boy2 之后,C 编译系统会自动为结构体变量分配足够的内存,如图 10.1 所示。结构体变量所占的存储空间是结构体各成员所占空间之和。在实际应用中,可用 printf("%d",sizeof(struct stu));输出结构体变量占用内存空间的大小。

4. 结构类型的嵌套

结构体的成员也可以是一个结构,即构成了嵌套的结构。图 10.1 给出了结构体嵌套定义形式。

num	name	sex	birthday			score
			month	day	year	

图 10.1

按图 10.1 可给出以下结构定义：

```
struct date{
    int month;
    int day;
    int year;
};
struct stu {
    int num;
    char name[8];
    char sex;
    struct date birthday;
    float score[3];
} boy1,boy2;
```

首先定义一个结构 date，由 month（月）、day（日）、year（年）三个成员组成。在定义并说明变量 boy1 和 boy2 时，其中的成员 birthday 被说明为 date 结构类型。

5. 结构变量成员的表示方法

一般对结构变量的使用，包括赋值、输入、输出、运算等都是通过结构变量的成员来实现的。

表示结构变量成员的一般形式是：

结构变量名. 成员名

例如：

```
boy1.num            /* 第一个学生的学号 */
boy2.sex            /* 第二个学生的性别 */
```

如果成员本身又是一个结构则必须逐级找到最低级的成员才能使用。

例如：

```
boy1.birthday.month   /* 第一个学生出生日期的月份 */
```

6. 结构变量的赋值

结构变量的赋值就是给各成员赋值，可用输入语句或赋值语句来完成。

【例 10.1】给结构变量赋值并输出其值。

【源程序】

```
#include"stdio.h"
struct stu
{
    int num;
    char * name;
    char sex;
    float score[3];
```

```
    };
void main()
{
    int i;
    stu boy1,boy2;
    boy1.num=100;
    boy1.name="chao ying";
    printf("input sex \n");
    scanf("%c",&boy1.sex);
    printf("input score\n");
    for(i=0;i<3;i++)
        scanf("%f",&boy1.score[i]);
    boy2=boy1;
    printf("\n\nNumber=%d\nName=%s\n",boy2.num,boy2.name);
    printf("Sex=%c\n",boy2.sex);
    for(i=0;i<3;i++)
        printf("Score[%d]=%f\n",i,boy2.score[i]);
}
```

程序运行后输出结果如图 10.2 所示。

本程序中用赋值语句给 boy1. num 和 boy1. name 两个成员赋值，name 是一个字符串指针变量。用 scanf 函数输入 boy1. sex 值。用 for 循环给 boy1. score 赋值，然后把 boy1 的所有成员的值整体赋予 boy2，最后输出 boy2 的各个成员值。

图 10.2

7. 结构变量的初始化

和其他类型变量一样，对结构变量可以在定义时进行初始化赋值。

10.2 结构数组的定义

数组的元素也可以是结构类型的，因此可以构成结构数组。结构数组的每一个元素都是具有相同结构类型的下标结构变量。在实际应用中，经常用结构数组来表示具有相同数据结构的一个群体，如一个班的学生档案，一个车间职工的工资表等。

例如：

```
struct stu
{
    int num;
    char * name;
    char sex;
    float score;
}student[5];
```

定义了一个结构数组 student，共有 5 个元素，student [0]～student [4]。每个数组元素都具有 struct stu 的结构形式。

【例 10.2】建立同学通讯录。

【源程序】

```c
#include"stdio.h"
#include"string.h"
#define NUM 3
struct mem
{
    char name[20];
    char phone[10];
};
void main()
{
    struct mem man[NUM];
    int i;
    for(i=0;i<NUM;i++)
    {
        printf("input name:\n");
        gets(man[i].name);
        printf("input phone:\n");
        gets(man[i].phone);
    }
    printf("\nname\t\t\tphone\n");
    for(i=0;i<NUM;i++)
        printf("%s\t\t\t%s\n",man[i].name,man[i].phone);
}
```

程序运行后输出结果如图 10.3 所示。

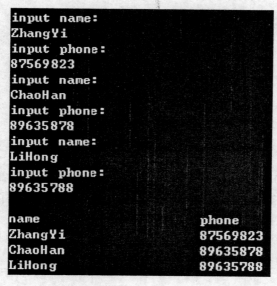

图 10.3

本程序中定义了一个结构 mem,它有两个成员 name 和 phone,用来表示姓名和电话号码。在主函数中定义 man 为具有 mem 类型的结构数组。在 for 语句中,用 gets 函数分别输入各个元素的两个成员的值。然后又在 for 语句中用 printf 语句输出各元素的两个成员值。

【任务 10.1】设有三个人的姓名和年龄存在数组中,输出三个人中年龄居中的姓名和年龄。

10.3 指向结构变量的指针

一个指针变量在用来指向一个结构变量时,称为结构指针变量。结构指针变量中的值是所指向的结构变量的首地址,通过结构指针即可访问该结构变量,这与数组指针和函数指针的情况是相同的。

结构指针变量说明的一般形式为:

struct 结构名 * 结构指针变量名

例如,在前面定义了 stu 这个结构,如要说明一个指向 stu 的指针变量 pstu,可写为:

struct stu * pstu;

赋值是把“结构变量的首地址”赋予该指针变量,不能把“结构名”赋予该指针变量。如果 boy 是被说明为 stu 类型的结构变量,则

pstu=&boy

是正确的,而

pstu=&stu

是错误的。

结构名和结构变量是两个不同的概念,不能混淆。结构名只能表示一个结构形式,编译系统并不对它分配内存空间。只有当某变量被说明为这种类型的结构时,才对该变量分配存储空间。因此,上面 &stu 这种写法是错误的,不可能去取一个结构名的首地址。有了结构指针变量,就能更方便地访问结构变量的各个成员。

访问结构变量的成员的一般形式为:

(* 结构指针变量). 成员名

或

结构指针变量->成员名

例如:

(* pstu). num

或

pstu->num

应该注意(* pstu)两侧的括号不可少,因为成员符“.”的优先级高于“ * ”。如去掉括号写成 * pstu. num 则等效于 *(pstu. num),这样,意义就完全不对了。

【例 10.3】结构体指针变量应用举例。

【源程序】

```
#include"stdio.h"
struct stu
{
```

```
    int num;
    char * name;
    char sex;
    float score;
}boy1={100,"chao ying",'M',96.5}, * pstu;

void main()
{
    pstu=&boy1;
    printf("Number=%d\nName=%s\n",boy1.num,boy1.name);
    printf("Sex=%c\nScore=%f\n\n",boy1.sex,boy1.score);
    printf("Number=%d\nName=%s\n",(* pstu).num,(* pstu).name);
    printf("Sex=%c\nScore=%f\n\n",(* pstu).sex,(* pstu).score);
    printf("Number=%d\nName=%s\n",pstu->num,pstu->name);
    printf("Sex=%c\nScore=%f\n\n",pstu->sex,pstu->score);
}
```

程序运行后输出结果如图 10.4 所示。

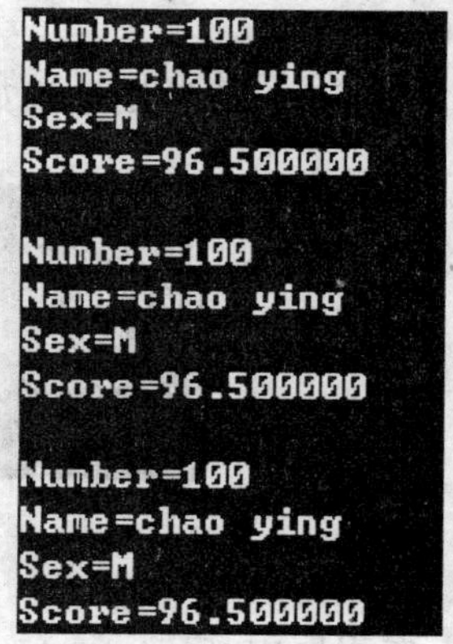

本例程序定义了一个结构 stu,定义了 stu 类型结构变量 boy1 并作了初始化赋值,还定义了一个指向 stu 类型结构的指针变量 pstu。在 main 函数中,pstu 被赋予 boy1 的地址,因此 pstu 指向 boy1。然后,在 printf 语句内用三种形式输出 boy1 的各个成员值。从运行结果可以看出:

结构变量. 成员名

(* 结构指针变量). 成员名

结构指针变量—>成员名

这三种用于表示结构成员的形式是完全等效的。

图 10.4

【任务 10.2】定义一个结构体变量,其成员包括:学号、姓名、性别、年龄、班级、电话、住址。从键盘输入该变量所需的具体数据,然后打印出来,要求使用结构变量和结构指针两种方式。

10.4　指向结构数组的指针

指针变量可以指向一个结构数组,这时结构指针变量的值是整个结构数组的首地址。结构指针变量也可指向结构数组的一个元素,这时结构指针变量的值是该结构数组元素的首地址。

设 ps 为指向结构数组的指针变量,则 ps 也指向该结构数组的 0 号元素,ps+1 指向 1 号元素,ps+i 则指向 i 号元素。这与普通数组的情况是一致的。

【例 10.4】用指针变量输出结构数组。

【源程序】

```
#include"stdio.h"
struct stu
{
```

```
    int num;
    char * name;
    char sex;
    float score;
}boy[5]={
        {100,"Zhaoyin",'f',96},
        {101,"wu ling",'f',86.2},
        {102,"chenman",'m',87.6},
        {103,"he ping",'f',96.5},
        {104,"li ao",'m',92.1},
       };
void main()
{
    struct stu * ps;
    printf("No\tName\t\tSex\tScore\t\n");
    for(ps=boy;ps<boy+5;ps++)
        printf("%d\t%s\t\t%c\t%f\t\n",ps->num,ps->name,ps->sex,ps->score);
}
```

程序运行后输出结果如图 10.5 所示。

```
No      Name            Sex     Score
100     Zhaoyin         f       96.000000
101     wu ling         f       86.199997
102     chenman         m       87.599998
103     he ping         f       96.500000
104     li ao           m       92.099998
```

图 10.5

在程序中，定义了 stu 结构类型的外部数组 boy，并作了初始化赋值。在 main 函数内定义 ps 为指向 stu 类型的指针。在循环语句 for 的表达式 1 中，ps 被赋予 boy 的首地址，然后循环 5 次，输出 boy 数组中各成员值。

应该注意的是，一个结构指针变量虽然可以用来访问结构变量或结构数组元素的成员，但是，不能使它指向一个成员，也就是说不允许取一个成员的地址来赋予它。

下面的赋值是错误的：

ps＝&boy[1].sex;

正确的只能是

ps＝boy;（赋予数组首地址）

或

ps＝&boy[0];（赋予 0 号元素首地址）

【任务 10.3】要求用到结构体、模块化编程：从键盘输入一个班（全班有 8 人）学生的学号、姓名、5 门课的成绩，分别统计下列内容。

（1）统计每个学生的总分和平均分。

（2）统计每门课程的最高分、最低分和平均分。

（3）根据提供的学号和姓名，输出该生的相关信息。

10.5　枚举类型

在实际问题中,有些变量的取值被限定在一个有限的范围内。例如,一个星期内只有七天,一年只有十二个月,一个班每周有六门课程等等。为此,C 语言提供了一种称为"枚举"的类型。在枚举类型的定义中列举出所有可能的取值,被说明为该枚举类型的变量取值不能超过定义的范围。应该说明的是,枚举类型是一种基本数据类型,而不是一种构造类型,因为它不能再分解为任何基本类型。

1. 枚举类型的定义和枚举变量的说明

(1) 枚举类型定义的一般形式为:

enum 枚举名{ 枚举值表 };

在枚举值表中应罗列出所有可用值,这些值也称为枚举元素。

例如:

enum weekday { sun,mou,tue,wed,thu,fri,sat };

该枚举名为 weekday,枚举值共有 7 个,即一周中的七天。凡被说明为 weekday 类型变量的取值只能是七天中的某一天。

(2) 枚举变量的说明。

设有变量 a,b,c 被说明为上述的 weekday,可采用下述任一种方式:

enum weekday{ sun,mou,tue,wed,thu,fri,sat };

enum weekday a,b,c;

或

enum weekday{ sun,mou,tue,wed,thu,fri,sat }a,b,c;

或

enum { sun,mou,tue,wed,thu,fri,sat }a,b,c;

2. 枚举类型变量的赋值和使用

(1) 枚举值是常量,不是变量。不能在程序中用赋值语句再对它赋值。

例如,对枚举 weekday 的元素再做以下赋值:

sun=5;

mon=2;

sun=mon;

都是错误的。

(2) 枚举元素本身由系统定义了一个表示序号的数值,从 0 开始顺序定义为 0,1,2,…如在 weekday 中,sun 值为 0,mon 值为 1,sat 值为 6。

【例 10.5】枚举类型应用举例。

【源程序】

```
#include"stdio.h"
void main()
{
    enum weekday
    { sun,mon,tue,wed,thu,fri,sat } a,b,c;
    a=sun;
    b=mon;
```

```
            c=tue;
            printf("%d,%d,%d\n",a,b,c);
    }
```

程序运行后输出的结果为：

0   1   2

【说明】

（1）只能把枚举值赋予枚举变量，不能把元素的数值直接赋予枚举变量。

例如：

a＝sun；

b＝mon；

是正确的；而

a＝0；

b＝1；

是错误的。

如一定要把数值赋予枚举变量，则必须用强制类型转换。

例如：

a＝（enum weekday）2；

其意义是将顺序号为 2 的枚举元素赋予枚举变量 a，相当于

a＝tue；

（2）枚举元素不是字符常量也不是字符串常量，使用时不要加单、双引号。

【例 10.6】 口袋里有红、黄、蓝、白、黑五种颜色的球若干，每次从口袋中取出三个球，打印出三种不同颜色球的可能取法。

分析：球的颜色只可能取五种值，用枚举变量处理。

【源程序】

```
        #include "stdio.h"
        void main()
        {
        enum color {red,yellow,blue,white,black};/* 枚举类型 */
        enum color i,j,k,pri;
        int n,loop;
        n=0;/* 不同颜色的组合序号 */
        for(i=red;i<=black;i=(color)(i+1))
            for(j=red;j<=black;j=(color)(j+1))
                if (i!=j)
                {
                    for(k=red;k<=black;k=(color)(k+1))
                        if ((k!=i) && (k!=j))
                        {
                            n=n+1;
                            printf("%-4d",n); /* 组合序号 */
                            for(loop=1;loop<=3;loop++)/* 循环输出三个球的颜色 */
                            {
                                switch(loop)
```

```
                {
                case 1: pri=i; break; /* 第 1 个球 */
                case 2: pri=j; break; /* 第 2 个球 */
                case 3: pri=k; break; /* 第 3 个球 */
                default: break;
                }
                switch(pri)
                {
                case red:printf("%-10s","red"); break;
                case yellow:printf("%-10s","yellow"); break;
                case blue:printf("%-10s","blue"); break;
                case white:printf("%-10s","white"); break;
                case black:printf("%-10s","black"); break;
                default: break;
                }
            }
            printf("\n");
        }
    }
    printf("\n total:%5d\n", n);
}
```

【说明】

在 for 循环的增量表达式中，i++换成 i=(color)(i+1)，j++换成 j=(color)(j+1)。运行程序后输出的结果如图 10.6 所示。

```
1   red     yellow  blue    32  blue    white   yellow
2   red     yellow  white   33  blue    white   black
3   red     yellow  black   34  blue    black   red
4   red     blue    yellow  35  blue    black   yellow
5   red     blue    white   36  blue    black   white
6   red     blue    black   37  white   red     yellow
7   red     white   yellow  38  white   red     blue
8   red     white   blue    39  white   red     black
9   red     white   black   40  white   yellow  red
10  red     black   yellow  41  white   yellow  blue
11  red     black   blue    42  white   yellow  black
12  red     black   white   43  white   blue    red
13  yellow  red     blue    44  white   blue    yellow
14  yellow  red     white   45  white   blue    black
15  yellow  red     black   46  white   black   red
16  yellow  blue    red     47  white   black   yellow
17  yellow  blue    white   48  white   black   blue
18  yellow  blue    black   49  black   red     yellow
19  yellow  white   red     50  black   red     blue
20  yellow  white   blue    51  black   red     white
21  yellow  white   black   52  black   yellow  red
22  yellow  black   red     53  black   yellow  blue
23  yellow  black   blue    54  black   yellow  white
24  yellow  black   white   55  black   blue    red
25  blue    red     yellow  56  black   blue    yellow
26  blue    red     white   57  black   blue    white
27  blue    red     black   58  black   white   red
28  blue    yellow  red     59  black   white   yellow
29  blue    yellow  white   60  black   white   blue
30  blue    yellow  black
31  blue    white   red        total:   60
```

图 10.6

【任务10.4】调试运行上述程序。

10.6 类型定义符 typedef

C 语言不仅提供了丰富的数据类型,而且允许由用户自己定义类型说明符,也就是说允许用户为数据类型取"别名"。类型定义符 typedef 即可用来完成此功能。例如,有整型量 a,b,其说明如下:

int a,b;

其中,int 是整型变量的类型说明符。int 的完整写法为 integer,为了增加程序的可读性,可把整型说明符用 typedef 定义为:

typedef int INTEGER

这以后就可用 INTEGER 来代替 int 作整型变量的类型说明了。

例如:

INTEGER a,b;

等效于

int a,b;

用 typedef 定义数组、指针、结构等类型将带来很大的方便,不仅使程序书写简单而且使意义更为明确,因而增强了可读性。

例如:

typedef char NAME[20];

表示 NAME 是字符数组类型,数组长度为 20。然后可用 NAME 说明变量,如:

NAME a1,a2,s1,s2;

完全等效于

char a1[20],a2[20],s1[20],s2[20]

又如:

```
typedef struct student
{
    char name[20];
    int age;
    char sex;
} STU;
```

定义 STU 表示 student 的结构类型,然后可用 STU 来说明结构变量:

STU body1,body2;

typedef 定义的一般形式为:

typedef 原类型名　新类型名

其中,原类型名中含有定义部分,新类型名一般用大写表示,以便于区别。

10.7 学生成绩管理

编写一个菜单驱动的学生成绩管理程序,要求如下。

（1）能输入并显示 n 个学生的 m 门考试科目的成绩、总分和平均分。

（2）按总分由高到低进行排序。

（3）任意输入一个学号，能显示该学生的姓名、各门功课的成绩。

【源程序】

```
#include <stdio.h>
#include <string.h>
#include <ctype.h>
#include <stdlib.h>
#define STU_NUM   40            /* 最多的学生人数 */
#define COURSE_NUM   10         /* 最多的考试科目 */
struct student
{
    int    number;             /* 学生的学号 */
    char   name[10];           /* 学生的姓名 */
    int    score[COURSE_NUM];  /* 学生 m 门功课的成绩 */
    int    sum;                /* 学生的总成绩 */
    float  average;            /* 学生的平均成绩 */
};
typedef struct student STU;

/* 函数功能：  添加学生的学号、姓名和成绩等信息,从键盘输入
   函数参数：  结构体指针 k,指向存储学生信息的结构数组的首地址
               整型变量 n,表示学生人数;整型变量 m,表示考试科目
   函数返回值:无
*/
void AppendScore(STU * k, int n, int m)
{
    int    j;
    STU    * p;
    for (p=k; p<k+n; p++)
    {
        printf("\nInput number:");
        scanf("%d", &p->number);
        printf("Input name:");
        scanf("%s", p->name);
        for (j=0; j<m; j++)
        {
            printf("Input score%d:", j+1);
            scanf("%d", p->score+j);
        }
    }
}

/* 函数功能：  打印 n 个学生的学号、姓名和成绩等信息
```

```
    函数参数：   结构体指针 k,指向存储学生信息的结构数组的首地址
               整型变量 n,表示学生人数；整型变量 m,表示考试科目
    函数返回值:无
*/
void PrintScore(STU * k, int n, int m)
{
    STU * p;
    int i;
    char str[100]={'\0'}, temp[3];
    strcat(str, "Number Name ");
    for (i=1; i<=m; i++)
    {
        strcat(str, "Score");
        itoa(i,temp, 10);
        strcat(str, temp);
        strcat(str, " ");
    }
    strcat(str," sum   average");
    printf("%s", str);                /* 打印表头 */
    for (p=k; p<k+n; p++)             /* 打印 n 个学生的信息 */
    {
        printf("\nNo.%3d%8s", p->number, p->name);
        for (i=0; i<m; i++)
            printf("%7d", p->score[i]);
        printf("%11d%9.2f\n", p->sum, p->average);
    }
}
/* 函数功能：  计算每个学生的 m 门功课的总成绩和平均成绩
    函数参数：   结构体指针 k,指向存储学生信息的结构数组的首地址
               整型变量 n,表示学生人数；整型变量 m,表示考试科目
    函数返回值:无
*/
void TotalScore(STU * k, int n, int m)
{
    STU    * p;
    int    i;
    for (p=k; p<k+n; p++)
    {
        p->sum=0;
        for (i=0; i<m; i++)
            p->sum=p->sum +p->score[i];
        p->average=(float)p->sum / m;
    }
}
```

```
/* 函数功能：　用选择法按总成绩由高到低排序
   函数参数：　结构体指针 k,指向存储学生信息的结构数组的首地址
              整型变量 n,表示学生人数
   函数返回值:无
*/
void SortScore(STU * k, int n)
{
    int   i, j, t;
    STU   temp;
    for (i=0; i<n-1; i++)
    {
        t=i;
        for (j=i; j<n; j++)
        {
            if ((k+j)->sum >(k+t)->sum)
                t=j;
        }
        if (t!=i)
        {
            temp=* (k+t);
            * (k+t)=* (k+i);
            * (k+i)=temp;
        }
    }
}


/* 函数功能：　查找学生的学号
   函数参数：　结构体指针 k,指向存储学生信息的结构数组的首地址
              整型变量 num,表示要查找的学号;整型变量 n,表示学生人数
   函数返回值:如果找到学号,则返回它在结构数组中的位置,否则返回- 1
*/
int SearchNum(STU * k, int num, int n)
{
    int i;

    for (i=0; i<n; i++)
        if ((k+i)->number==num)
            return i;
    return -1;
}


/* 函数功能：　按学号查找学生成绩并显示查找结果
   函数参数：　结构体指针 k,指向存储学生信息的结构数组的首地址
              整型变量 n,表示学生人数;整型变量 m,表示考试科目
```

```
    函数返回值:无
*/
void SearchScore(STU * k, int n, int m)
{
    int number, findNo;
    printf("Please Input the number you want to search:");
    scanf("%d", &number);
    findNo=SearchNum(k, number, n);
    if (findNo==-1)
        printf("\nNot found!\n");
    else
        PrintScore(k+findNo, 1, m);
}


/* 函数功能:  显示菜单并获得用户键盘输入的选项
    函数参数:  无
    函数返回值:用户输入的选项
*/
char Menu(void)
{
    char ch;
    printf("\nManagement for Students' scores\n");
    printf(" 1.Append record\n");
    printf(" 2.List record\n");
    printf(" 3.Search record\n");
    printf(" 4.Sort record\n");
    printf(" 0.Exit\n");
    printf("Please Input your choice:");
    scanf(" %c", &ch); /* 在%c前面加一个空格,将存于缓冲区中的回车符读入 */
    return ch;
}


void main()
{
    char    ch;
    int     m, n;
    STU     stu[STU_NUM];
    printf("Input student number and course number(n< 40,m< 10) :");
    scanf("%d,%d", &n, &m);
    while (1)
    {
        ch=Menu();                    /* 显示菜单,并读取用户输入 */
        switch (ch)
        {
```

```
                case'1':AppendScore(stu, n, m);/* 调用成绩添加模块 */
                        TotalScore(stu, n, m);break;
                case'2':PrintScore(stu, n, m); break;/* 调用成绩显示模块 */
                case'3':SearchScore(stu, n, m);break;/* 调用按学号查找模块 */
                case'4':SortScore(stu, n);   /* 调用成绩排序模块 */
                            printf("\nSorted result\n");
                            PrintScore(stu, n, m);break;/* 显示成绩排序结果 */

                case'0':exit(0);            /* 退出程序 */
                            printf("End of program!");break;
                default:printf("Input error!");break;
            }
        }
    }
```

【运行结果】

1）主界面

用户运行程序，输入 3，3，前面一个“3”表示学生人数，后面一个“3”表示考试科目。回车后进入主界面，主界面如图 10.7 所示，用户可用 0～4 之间的数值，调用相应的功能进行操作，当输入 0 时，退出系统，输入 1，则增加记录。如图 10.7 所示。

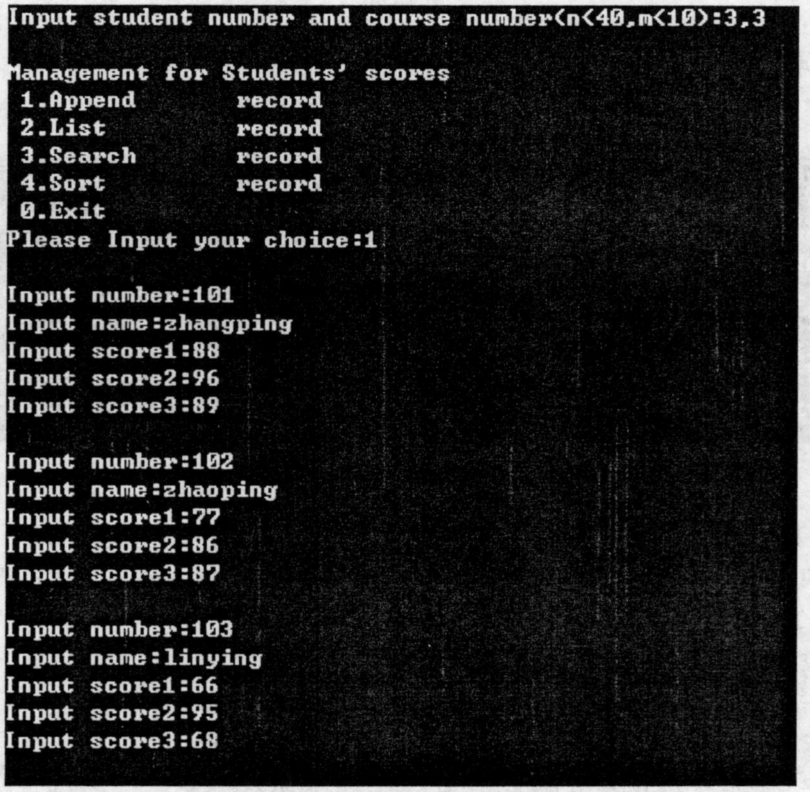

```
Input student number and course number(n<40,m<10):3,3

Management for Students' scores
 1.Append        record
 2.List          record
 3.Search        record
 4.Sort          record
 0.Exit
Please Input your choice:1

Input number:101
Input name:zhangping
Input score1:88
Input score2:96
Input score3:89

Input number:102
Input name:zhaoping
Input score1:77
Input score2:86
Input score3:87

Input number:103
Input name:linying
Input score1:66
Input score2:95
Input score3:68
```

图 10.7

2）查看记录

当用户执行了增加记录后，输入 2 并按 Enter 键后，查看当前的记录情况，此时共显示 3 条记录，如图 10.8 所示。

```
Please Input your choice:2
Number      Name   Score1 Score2 Score3      sum   average
No.101zhangping   88      96      89        273    91.00

No.102zhaoping    77      86      87        250    83.33

No.103 linying    66      95      68        229    76.33
```

图 10.8

3）查看单个学员信息

输入 3 并按 Enter 键后，输入学生的学号，用户可以查看单个学员信息查如图 10.9 所示。

```
Please Input your choice:3
Please Input the number you want to search:102
Number      Name   Score1 Score2 Score3      sum   average
No.102zhaoping    77      86      87        250    83.33
```

图 10.9

4）排序

输入 4 并按 Enter 键后，屏幕显示排序成功，如图 10.10 所示。

```
Please Input your choice:4

Sorted result
Number      Name   Score1 Score2 Score3      sum   average
No.101zhangping   88      96      89        273    91.00

No.102zhaoping    77      86      87        250    83.33

No.103 linying    66      95      68        229    76.33
```

图 10.10

【任务 10.5】用结构数组编写候选人得票统计程序，设有 3 个候选人，有 10 个选民，每个选民只能选一个候选人，不考虑弃权的情况，要求最后输出每个候选人的得票结果。

【任务 10.6】统计选票。

某学校某新生班级在入学后的第二周组织竞选班长活动，竞选的最后一项是全体学生以投票方式来决定哪位竞选者当选。设选票格式如图 10.11 所示，选票上提供了 3 个候选人的名单。请设计一个 C 程序，用于统计所有选票中各候选人的得票数。

要求：采用结构数组作为选票计数器，要求输出格式有提示及相应数据。

候选人姓名	票数
谢小宇	0
尚 雪	0
任费非	0

图 10.11

【**任务 10.7**】设学生人数为 n（2＜n＜4），试完成下列任务。

（1）每个学生的信息，组成结构数组，并输出；

（2）统计男、女生人数并输出；

（3）计算全班平均成绩并输出；

（4）将低于全班平均成绩的学生信息按行输出。

提示：设计一个结构。

```
struct student
{
long no;   /* 学号 */
char name[10]; /* 姓名 */
char sex; /* 性别 */
int age; /* 年龄 */
float score; /* 平均成绩 */
}
```

【**任务 10.8**】输入 20 本书的书名（book_name）、作者（author）、出版社（publisher）、出版日期（publish_date）、单价（price）等内容，按书名排序输出。

【**任务 10.9**】使用结构数组存放考生信息。考生信息包括准考证号（register）、姓名（name）、性别（sex）、出生日期（brithday）、成绩（score[ ]）5 门课程和总成绩。

（1）编写 input 函数，实现考生数据输入。

（2）编写 puint 函数，实现考生数据输出。

（3）编写 search 函数，找出考分最高的考生信息。

（4）编写 sort 函数，按准考证的升序序列输出考生信息。

【**任务 10.10**】建立班级同学通信录。

【**任务 10.11**】编写一个期末考试成绩统计的辅助程序，设共有四门考试课程。成绩计算方法如下：

$$总评成绩＝期末成绩 70\%＋平时成绩 30\%$$

试编程完成以下功能。

（1）建立空白成绩单，读入每个学生的姓名、学号。

（2）按科目读入期末成绩和平时成绩，并计算总评成绩。

（3）按学号顺序打印各科的成绩单，假定格式如下：

课程名称：

学号　　　姓名　　　平时成绩　　　期末成绩　　　　总评成绩

（4）打印补考（总评成绩＜60）名单，格式可以自己设定。

提示：① 可按科目打印；② 按姓名打印。

要求：① 用结构数组存储成绩。② 划分程序模块并设计为函数，以简化编程的复杂性。

第11章 文　　件

文件是 C 语言程序设计中一个重要的概念,在程序运行时,程序本身和数据都存放在内存中。当程序运行结束后,存放在内存的数据就被释放。如果需要长期保存程序运行所需的原始数据或者程序运行后所产生的结果,就必须将其以文件的形式存储到外部介质上。

知识点

- 文件的概念
- 文件打开和关闭
- 文件的读/写函数
- 文件的检测函数

11.1　文件概述

"文件"是指存储在计算机外部存储器中的数据的集合。计算机根据文件的名字,完成对文件的操作,操作系统以文件为单位对数据进行管理。C 语言将文件看做是字符构成的序列,即字符流,其基本的存储单位是字节。

1. 从用户的角度分类

从用户的角度看,文件可分为普通文件和设备文件两种。

普通文件是指驻留在磁盘或其他外部介质上的一个有序数据集,可以是源文件、目标文件、可执行程序。设备文件是指与主机相连的各种外部设备,如显示器、打印机、键盘等。在操作系统中,把外部设备也看做是一个文件来进行管理,把它们的输入、输出等同于对磁盘文件的读和写。

2. 根据文件编码的方式分类

根据文件编码的方式,文件可分为 ASCII 码文件和二进制码文件两种。

(1) ASCII 文件或文本(text)文件。

例如,数 5678 的存储形式如下。

ASCII 码: 00110101　00110110　00110111　00111000

十进制码:　　　　5　　　　　6　　　　　7　　　　　8

共占用 4 个字节。

ASCII 文件中的字节与实际字符一一对应,方便字符处理和用户阅读,但占用存储空间较大。ASCII 文件可在屏幕上按字符显示,例如,源程序文件就是 ASCII 文件,用 DOS 命令 TYPE 可显示文件的内容。由于是按字符显示,因此能读懂文件内容。

(2) 二进制文件是按二进制的编码方式来存放文件的。

例如,数 5678 的存储形式为:

00010110　00101110

只占两个字节。二进制文件虽然也可在屏幕上显示,但其内容无法读懂。二进制文件节省存储空间,一般用于程序与程序之间或者程序与设备之间数据的传递。

C 系统在处理这些文件时,并不区分类型,都看成是字符流,按字节进行处理,输入/输出字符流的开始和结束只由程序控制而不受物理符号(如回车符)的控制,因此也把这种文件称做"流式文件"。

11.2　文件指针

1. 文件指针

对文件进行读写时需要知道:文件名字、文件状态、当前位置、缓冲区等有关信息。C语言在 stdio. h 中定义了一个 FILE 文件结构体类型,包含管理和控制文件所需要的各种信息,在 C 程序中系统对文件进行的各种操作是通过指向文件结构体的指针变量来实现的。

定义一个指向文件结构体类型的指针变量的形式:

FILE　*指针变量名:

例如:

FILE *fp1, *fp2;

则 fp1,fp2 是可以指向 2 个 FILE 文件结构体的指针变量。其中,FILE 应为大写,它实际上是由系统定义的一个结构,该结构中含有文件名、文件状态和文件当前位置等信息,在编写源程序时不必关心 FILE 结构的细节。

2. 操作步骤

文件在进行读写操作之前要先打开,使用完毕要关闭。所谓打开文件,实际上是建立文件指针与文件的各种相关信息的联系,并使文件指针指向该文件,以便进行其他操作。关闭文件则断开指针与文件之间的联系,也就是禁止再对该文件进行操作。在 C 语言中,文件操作都是由库函数来完成的。

【步骤 1】定义一个文件类型的指针变量:FILE * fp。

【步骤 2】打开文件:fp＝fopen("文件名","操作方式")。

【步骤 3】对文件读/写:调用库函数 fputs()等。

【步骤 4】文件的数据由程序进行处理,如排序、显示、打印、查找、统计等。

【步骤 5】关闭文件:fclose(fp)。

11.3　文件的打开与关闭

1. 文件的打开

fopen 函数用来打开一个文件,其调用的一般形式为:

文件指针名＝fopen(文件名,使用文件方式);

其中:

"文件指针名"必须是被说明为 FILE 类型的指针变量;

"文件名"是被打开文件的文件名;

"使用文件方式"是指文件的类型和操作要求。

"文件名"是字符串常量或字符串数组。"文件名"是要打开的文件的文件名字,可以是包含盘符、路径、文件名、扩展名的文件标识符。但在书写时要符合 C 语言的规定。例如,文件名"c:\tc\w1.c"在该函数中的文件名应写成"c:\\tc\\w1.c"。两个反斜线"\\"中的第一个表示转义字符,第二个表示根目录。

例如:

FILE *fphzk

fphzk= fopen ("c:\\hzk16","rb")

其意义是打开 C 驱动器磁盘的根目录下的文件 hzk16。这是一个二进制文件,只允许按二进制方式进行读操作。

例如:

```
fp= fopen("a1","r");
```

它表示要打开名字为 a1 的文件,使用文件方式为"读入"(r 代表 read,即读入),fopen 函数带回指向 a1 文件的指针并赋给 fp,这样 fp 就和文件 a1 相联系了,或者说,fp 指向 a1 文件。可以看出,在打开一个文件时,通知给编译系统以下三个信息。

(1) 需要打开的文件名,也就是准备访问的文件的名字(注意文件的路径)。

(2) 使用文件的方式("读"还是"写"等)。

(3) 文件的指针变量与被打开的文件一一对应。

2. 文件的存取方式

文件的存取方式如表 11.1 所示。

表 11.1

打开方式		功　　能
文本文件	二进制文件	
"r"	"rb"	仅为读打开已有文件,只允许读数据
"w"	"wb"	打开或建立,只允许写数据
"a"	"ab"	为追加打开,并在文件尾写数据
"r+"	"rb+"	为读/写打开已有文件
"a+"	"ab+"	为读/写建立一个文件
"w+"	"wb+"	为读/写打开一个文件

【说明】

(1) 文件的使用方式有"r,w,a,t,b,+",各字符的含义如下。

r(read):　　　　读

w(write):　　　　写

a(append):　　　追加

t(text):　　　　文本文件,可省略不写

b(banary):　　　二进制文件

+:　　　　　　　读和写

(2) 凡用"r"打开一个文件,则该文件必须已经存在,且只能从该文件读出。

(3) 若用"w"打开一个文件,则只能向该文件写入。若打开的文件不存在,则以指定

的文件名建立该文件;若打开的文件已经存在,则将该文件删去,重建一个新文件。

(4) 若要向一个已存在的文件追加新的信息,只能用"a"方式打开文件。打开时,位置指针移到文件末尾。

(5) 如果是二进制文件,在使用时只要在模式后添加字符 b 即可,如"rb"、"rb+"分别表示读取二进制文件和以读取/写入打开二进制文件。

3. 文件关闭函数

文件一旦使用完毕,应用关闭文件函数 fclose 把文件关闭,以避免出现文件中的数据丢失等错误。

fclose 函数调用的一般形式是:

fclose(文件指针);

例如:

fclose(fp);

正常完成关闭文件操作时,fclose 函数返回值为 0,如返回非零值,则表示有错误发生。

【说明】

(1) 为增强程序的可读性,常用以下方法打开一个文件:

```
if((fp=fopen("文件名","操作方式"))==NULL)
    {
        printf("\nCannot open this file");
        exit(0); /* 关闭打开的所有文件,结束程序运行,返回操作系统 */
    }
```

(2) 为了解决"文件结束"这个问题,ANSI C 提供一个 feof 函数来判断文件是否真的结束。

feof(fp)用来测试 fp 所指向的文件的当前状态是否为"文件结束",如果是文件结束,则函数 feof(fp)的值为 1(真),否则为 0(假)。

(3) 在文件内部有一个位置指针,用来指向文件当前的读写字节,在文件打开时,该指针总是指向文件的第一个字节,使用读或者写函数时,该位置指针将向后移动一个字节。

应注意文件指针和文件内部的位置指针不是一回事。文件指针是指向整个文件的,须在程序中定义说明,只要不重新赋值,文件指针的值是不变的。文件内部的位置指针用以指示文件内部的当前读写位置,每读写一次,该指针均向后移动,它不需要在程序中定义说明,而是由系统自动设置的。

【思考】

(1) 如何打开和关闭一个已经存在的文件。

(2) 如何建立一个文件,用来保存输入的数据。

11.4 文件的读/写

读/写文件是最常用的文件操作。在 C 语言中提供了多种文件读/写的函数。字符读/写函数:fgetc 和 fputc。字符串读/写函数:fgets 和 fputs。数据块读/写函数:freed 和 fwrite。

1. 字符读/写函数 fgetc 和 fputc

字符读/写函数是以字符(字节)为单位的读/写函数。每次可从文件读出或向文件写入一个字符。

1）读字符函数 fgetc

fgetc 函数的功能是从指定的文件中读一个字符，函数调用的形式为：

字符变量＝fgetc(文件指针)；

例如：

ch＝fgetc(fp)；

其意义是从打开的文件 fp 中读取一个字符并送入 ch 中。

【例 11.1】读入文件 c1. txt，在屏幕上输出。

在 D 盘的根目录下建立一个文件名为 c1 的文本文件，文件的内容为：两个反斜线"\\"中的第一个表示转义字符，第二个表示根目录。

【源程序】

```
#include"stdio.h"
#include <stdlib.h>
void main()
{
  FILE *fp;
  char ch;
  if((fp=fopen("d:\\c1.txt","rt"))==NULL)
  {
    printf("\nCannot open this file!");
    exit(0);
  }
  ch=fgetc(fp);
  while(!feof(fp))
  {
    putchar(ch);
    ch=fgetc(fp);
  }
  fclose(fp);
}
```

【任务 11.1】运行上述程序，观察输出的结果。

【任务 11.2】删除 D 盘上的文件名为 c1 的文本文件，再次运行程序，观察输出的结果。

本例程序的功能是从文件中逐个读取字符，在屏幕上显示。程序定义了文件指针 fp，以读文本文件方式打开文件"d:\\c1. txt"，并使 fp 指向该文件。

【思考】

如果没有写上预处理命令 ＃include＜stdlib. h＞，则编译程序后会出现的错误提示是什么？

2）写字符函数 fputc

fputc 函数的功能是把一个字符写入指定的文件中，函数调用的形式为：

fputc(字符量,文件指针)；

其中，待写入的字符量可以是字符常量或变量，例如：

fputc('a',fp)；

其意义是把字符 a 写入 fp 所指向的文件中。

【例 11.2】从键盘输入一行字符,写入一个文件,再把该文件内容读出显示在屏幕上。

【源程序】

```
#include"stdio.h"
#include <stdlib.h>
void main()
{
  FILE *fp;
  char ch;
  if((fp=fopen("d:\\c1.txt","wt+"))==NULL)
  {
    printf("Cannot open this file!");
    exit(0);
  }
  printf("input a string:\n");
  ch=getchar();
  while (ch!='\n')
  {
    fputc(ch,fp);
    ch=getchar();
  }
  rewind(fp);
  ch=fgetc(fp);
  while(ch!=EOF)
  {
    putchar(ch);
    ch=fgetc(fp);
  }
  printf("\n");
  fclose(fp);
}
```

程序运行输出结果如图 11.1 所示。

【任务 3】打开 D 盘上的文件名为 c1 的文本文件,观察其内容有何变化。

```
input a string:
abcdefghijklmnopqrstuvwxyz
abcdefghijklmnopqrstuvwxyz
```

图 11.1

写入完毕,文件内部位置指针已指向文件末。

如要把文件从头读出,需把指针移向文件头,程序 rewind 函数用于把 fp 所指文件的内部位置指针移到文件头。

2. 字符串读/写函数 fgets 和 fputs

1) 读字符串函数 fgets

函数的功能是从指定的文件中读一个字符串到字符数组中,函数调用的形式为:

fgets(字符数组名,n,文件指针);

其中,n 是一个正整数。表示从文件中读出的字符串不超过 n−1 个字符,在读入最后一个字符后加上串结束标志'\0'。

例如：

fgets(str,n,fp);

其意义是从 fp 所指的文件中读出 n−1 个字符送入字符数组 str 中。

2）写字符串函数 fputs

fputs 函数的功能是向指定的文件写入一个字符串,其调用形式为：

fputs(字符串,文件指针);

其中,字符串可以是字符串常量,也可以是字符数组名,或指针变量。

例如：

fputs("abcd",fp);

其意义是把字符串"abcd"写入 fp 所指的文件中。

3. 数据块读/写函数 fread 和 fwtrite

C 语言还提供了用于整块数据的读/写函数。可用来读/写一组数据,如一个数组元素,一个结构变量的值等。

读数据块函数调用的一般形式为：

fread(buffer,size,count,fp);

写数据块函数调用的一般形式为：

fwrite(buffer,size,count,fp);

其中,buffer 是一个指针,在 fread 函数中,它表示存放输入数据的首地址。在 fwrite 函数中,它表示存放输出数据的首地址。

```
size      /* 表示数据块的字节数 */
count     /* 表示要读写的数据块块数 */
fp        /* 表示文件指针 */
```

【例 11.3】从键盘输入八个学生数据,写入一个文件中,再读出这八个学生的数据,并将其显示在屏幕上。

【源程序】

```c
#include <stdio.h>
#include <stdlib.h>
struct student
{
    char name[10];
    int score;
}stud[8];
void main()
{
    FILE *fc1;
    int i;
    for(i=0;i<8;i++)
    {
        printf("\nInput score of student %d:\n",i);
        printf("name:");
        scanf("%s",&stud[i].name);
        printf("score:");
```

```c
    scanf("%d",&stud[i].score);
  }
  printf("\n\nxingming\tscore\n");
  printf("---------\t-------\n");
  for(i=0;i<8;i++)
    printf("%s\t%d\n",stud[i].name,stud[i].score);
  fc1=fopen("d:\\c1","w+");
  for(i=0;i<8;i++)
    fwrite(&stud[i],sizeof(struct student),1,fc1);
  fclose(fc1);
  if((fc1=fopen("d:\\c1","r"))==NULL)
  {
    printf("\n Cannot open this file!");
    exit(0);
  }
  printf("\n\nxingming\tscore\n");
  printf("--------\t-------\n");
  for(i=0;i<8;i++)
  {
    fread(&stud[i],sizeof(struct student),1,fc1);
    printf("%s\t%d\n",stud[i].name,stud[i].score);
  }
  fclose(fc1);
}
```

程序运行时，从键盘输入的数据如图 11.2 所示。

程序运行后，输出的结果如图 11.3 所示。

```
Input score of student 0:
name:MakuiXin
score:99
Input score of student 1:
name:XieHanHu
score:88
Input score of student 2:
name:LiMingGa
score:77
Input score of student 3:
name:WuhangYi
score:66
Input score of student 4:
name:LiZouLin
score:83
Input score of student 5:
name:ZouYuYou
score:68
Input score of student 6:
name:HuWaiWai
score:76
Input score of student 7:
name:YingHuYi
score:86
```

图 11.2

```
xingming        score
---------       -------
MakuiXin        99
XieHanHu        88
LiMingGa        77
WuhangYi        66
LiZouLin        83
ZouYuYou        68
HuWaiWai        76
YingHuYi        86
```

图 11.3

【**例 11.4**】从文件中读入八个学生数据,按分数排序,再将八个学生的数据显示在屏幕上。

文件 c1 可用例 11.3 建立文件的数据或者由读者用文本文件建立。

【**源程序**】

```
#include <stdlib.h>
#include "stdio.h"
struct student
{
  char name[10];
  int score;
  }stud[8],temp;
void main()
{
  FILE *fc1;
  int i,j;
  if((fc1=fopen("d:\\c1","r"))==NULL)
  {
    printf("\nCannot open this file!");
    exit(0);
  }
  for(i=0;i<8;i++)
    fread(&stud[i],sizeof(struct student),1,fc1);
  fclose(fc1);
  for(i=0;i<8;i++)
    for(j=i+1;j<8;j++)
      if(stud[i].score>stud[j].score)
        {temp=stud[i];
        stud[i]=stud[j];
        stud[j]=temp;
        }
  printf("\n\nxingming\tscore\n");
  printf("--------\t-------\n");
  for(i=0;i<8;i++)
    printf("%s \t%d\n",stud[i].name,stud[i].score);
}
```

程序运行后,输出的结果如图 11.4 所示。

4. 格式化读/写函数 fscanf 和 fprintf

fscanf 函数、fprintf 函数与前面使用的 scanf 和 printf 函数的功能相似,都是格式化读/写函数。两者的区别在于 fscanf 函数和 fprintf 函数的读写对象不是键盘和显示器,而是磁盘文件。

这两个函数的调用格式为:

xingming	score
WuhangYi	66
ZouYuYou	68
HuWaiWai	76
LiMingGa	77
LiZouLin	83
YingHuYi	86
XieHanHu	88
MakuiXin	99

图 11.4

fscanf(文件指针,格式字符串,输入表列);

fprintf(文件指针,格式字符串,输出表列);

注意:使用格式化读写函数对文件进行读/写时,读文件的格式与写文件的格式应该对应,才能保证数据的一致。

【思考】

(1) 如何将数据从文件中读到指定的数组中。

(2) 如何将修改后的数据写入文件中。

11.5　文件的随机读/写

在实际问题中,常要求只读/写文件中某一指定的部分。为了解决这个问题,可移动文件内部的位置指针到需要读/写的位置,再进行读/写,这种读/写称为随机读/写。

实现随机读/写的关键是要按要求移动位置指针,称为文件的定位。

移动文件内部位置指针的函数主要有两个,即 rewind 函数和 fseek 函数。

1. rewind 函数

rewind 函数的调用形式为:

rewind(文件指针);

它的功能是把文件内部的位置指针移到文件首。

2. fseek 函数

fseek 函数用来移动文件内部位置指针,其调用形式为:

fseek(文件指针,位移量,起始点);

其中:"文件指针"指向被移动的文件;"位移量"表示移动的字节数,要求位移量是 long 型数据,以便在文件长度大于 64 KB 时不会出错,当用常量表示位移量时,要求加后缀"L";"起始点"表示从何处开始计算位移量,规定的起始点有三种:文件首、当前位置和文件尾。

其表示方法如表 11.2 所示。

表 11.2

起 始 点	表 示 符 号	数 字 表 示
文件首	SEEK_SET	0
当前位置	SEEK_CUR	1
文件末尾	SEEK_END	2

例如:

fseek(fp,100L,0);

其意义是把位置指针移到离文件首 100 个字节处。

还要说明的是 fseek 函数一般用于二进制文件。在文本文件中由于要进行转换,故往往计算的位置会出现错误。

11.6　文件检测函数

C 语言中常用的文件检测函数有以下几个。

1．文件结束检测函数（feof 函数）

调用格式：

feof(文件指针)；

功能：判断文件是否处于文件结束位置，如文件结束，则返回值为 1，否则为 0。

2．读/写文件出错检测函数（ferror 函数）

调用格式：

ferror(文件指针)；

功能：检查文件在用各种输入/输出函数进行读/写时是否出错，如 ferror 返回值为 0，表示未出错，否则表示有错。

3．文件出错标志和文件结束标志置 0 函数（clearerr 函数）

调用格式：

clearerr(文件指针)；

功能：用于清除出错标志和文件结束标志，使它们为 0 值。

【任务 11.4】从键盘输入 10 个实数，并将其存入一个名为 real 的磁盘文件中。

【任务 11.5】打开刚才建立的文件，把这 10 个实数读入一个一维数组 array 中。

11.7　通讯录

1．程序设计目的

利用静态数组实现通讯录管理，数组的每一个元素都是结构体类型。通过这个例子了解管理系统的开发流程，重点掌握数组元素为结构体的应用、数组作函数参数、文件读/写、自定义函数等知识。

2．设计思路

程序设计一般由两部分组成：算法和数据结构。合理地选择和实现一个数据结构和处理这些数据结构具有同样的重要性。在通讯录管理程序中，由于预计记录数相对于一个单位的学生人数或职工人数来说不会太大，故使用静态数组，完成一些基本的功能如增加、删除、保存、查询记录等功能。

3．数据结构

由于使用静态数组需要预先估计记录数，所以先预定义一个常数 M，表示记录数，也就是数组的大小，记录联系人的信息至少应有编号、姓名、单位、电话，所以定义每个数组元素的类型为结构体。由于数组存储是采用顺序存放的，在内存空间中占用连续空间，所以对有若干条记录的通讯录的管理，实质就是对顺序存储的线性表的管理。数据结构如下：

```
#define M 50          /* 估计的记录数 */
struct info           /* 定义结构体类型 */
{
  char num[6];        /* 保存记录编号 */
  char name[20];      /* 保存联系人姓名 */
  char units[30];     /* 保存联系人单位 */
  char tele[13];      /* 保存联系人电话 */
};
```

4. main( ) 主函数

程序采用模块化设计,主函数是程序的入口,各模块独立,可分块调试,均由主函数控制调用。控制功能的实现通过循环执行一个开关语句,该语句的条件值是通过调用主菜单函数得到的返回值。根据该值,调用相应的各功能函数,同时设置一个断点,即当返回值为一定条件时运行 exit( )函数结束程序,以免造成死循环。

5. menu_select( ) 主菜单

直接利用输出函数 printf 输出字符串,在屏幕上显示一个菜单,并显示选项,输入 0～6 之间的数字,将此数字作为菜单函数的返回值,返回主函数中与这个数字调用相应的功能函数。

6. input( ) 输入记录

输入记录的界面设计非常清晰,且能直接反映数据之间的关系,由于记录并不是一次性全部输入,而是随时增加和删除的,而预先开辟的空间数往往大于实际的记录数,所以程序设计为首先输入准备输入的记录数 n,然后用 for 循环语句循环 n 次,输入记录。通讯录的每一条记录有 4 个字段,都是字符串类型,达到规定的记录数,输入停止,返回记录数到主函数。

7. disp( ) 显示所有记录

通讯录建立好后,更频繁的操作是显示和查找记录,本函数实现显示所有记录功能。将主函数传递过来的数组输出,用 for 循环,循环次数由参数长度决定。输出时,为了格式美观清晰,设计一定的样式输出,注意利用格式输出函数。

8. find( ) 查找记录

find( )函数,专门用于查找。查找指定姓名的记录,首先输入要查找记录的姓名,然后顺序查找节点,如果没找到,则输出没找到信息,否则,显示找到的记录信息。find( )函数编写了一个从第一条记录开始,将记录中的姓名字段和待比较的姓名字符串 s 进行比较,一旦相等,程序结束,返回该记录的下标号 i,也就是记录所在的序号;如果不相等,则继续下一条比较,所有记录比较完毕,循环结束。

9. del( ) 删除记录

把数据调入内存中,输入要删除记录的姓名,del( )函数是把与姓名不相等记录全部从内存中保存到文件中。

10. sort( ) 排序

本函数采用了冒泡排序方法,按照姓名排序,所以排序码为记录的姓名字段,对 C 语言来说,数组的下标是从 0 开始的,所以 n 条记录的比较是从 t[0]. name,t[1]. name 开始到 t[n-2]. name,t[n-1]. name 结束的。因为姓名是字符串,比较用字符串比较函数 strcmp 实现,移动记录借助于第三者临时结构体变量 temp,移动要保持整条记录的移动,所以三个字段都要移动。

【源程序】

```c
#include <stdio.h>
#include <stdlib.h>
#include <string.h>
#define CM2 "%-10s%-10s%-10s%-13s\n"
#define CM1 printf("----------------------------------------------\n")
```

```
#define M 50
struct info                           /* 定义结构体类型 */
{
    char num[6];
    char name[20];
    char units[30];
    char tele[13];
    };
int input(struct info t[]);           /* 增加记录 */
int menu_select();                    /* 菜单选择 */
int emp();                            /* 清空数据库 */
int disp(struct info t[]);            /* 显示记录 */
int find(struct info t[]);            /* 查找记录 */
int del(struct info t[]);             /* 删除记录 */
int sort(struct info t[]);            /* 对记录排序 */
int main()
{
    struct info adr[M];               /* 在各函数中使用 */
    for(;;)
    {
      switch(menu_select())
      {
      case 0:exit(0);                 /* 选择退出 */
      case 1:emp();break;             /* 选择清空数据库 */
      case 2:input(adr);break;        /* 选择增加记录 */
      case 3:disp(adr);break;         /* 选择显示记录 */
      case 4:find(adr);break;         /* 选择查找记录 */
      case 5:del(adr);break;          /* 选择删除记录 */
      case 6:sort(adr);break;         /* 记录排序 */
      }
    }
    return 0;
}
int emp()                             /* 清空数据库 */
{
    FILE * fp;
    fp=fopen("co.dat","w");
    fclose(fp);
    return 0;
}
int disp(struct info t[])             /* 显示记录函数 */
{
    int i,n=0;
    FILE * fp;
```

```
/* 打开文件,将文件读入到内存中 */
fp=fopen("co.dat","rb");
n=0;
while(!feof(fp))
{
    fread(&t[n],sizeof(struct info),1,fp);
    n++;
}
/* 将文件显示在屏幕上 */
printf("编号    姓名    单位    电话\n");
CM1;
for(i=0;i<n-1;i++)
{
    printf(CM2,t[i].num,t[i].name,t[i].units,t[i].tele);
    CM1;
}
printf("显示完成,请进行下一步\n");
fclose(fp);
return 0;
}
int input(struct info t[])              /* 增加记录函数 */
{
    int i,y,n;
    FILE * fp;
    printf("\n 请输入这次录入联系人的数目:");
    scanf("%d",&n);
    printf("\n 请输入记录:");
    for(i=0;i<n;i++)/* 输入记录 */
    {
        printf("输入第%d 次记录\n",i+1);
        printf("输入编号:");
        scanf("%s",t[i].num);
        printf("输入姓名:");
        scanf("%s",t[i].name);
        printf("输入单位:");
        scanf("%s",t[i].units);
        printf("输入电话:");
        scanf("%s",t[i].tele);
        CM1;
    }
    printf("\n 保存这次输入吗(1/0)?");
    scanf("%d",&y);
    /* 将内存中的数据写入到文件中 */
    if(y==1)
```

```
    {
      fp=fopen("co.dat","ab+");
      fwrite(&t[0],sizeof(struct info),n,fp);
      fclose(fp);
    }
    return n;                              /* 返回记录条数 */
  }
  int find(struct info t[])                /* 查找记录 */
  {
    int i,n=0;
    char s[30];
    FILE *fp;
    printf("\n请输入要查找的姓名：");
    scanf("%s",s);
      /* 打开文件，将文件读入到内存中 */
    fp=fopen("co.dat","r");
    while(!feof(fp))
    {
      fread(&t[n],sizeof(struct info),1,fp);
      n++;
    }
    for(i=0;i<n;i++)                        /* 从第一条记录开始,直到最后一条 */
      if(strcmp(s,t[i].name)==0)            /* 记录中的姓名和待比较的姓名是否相等 */
      {
        printf("编号    姓名    单位    电话\n");
        CM1;
        printf(CM2,t[i].num,t[i].name,t[i].units,t[i].tele);
        CM1;
        break;
      }
      if(i>=n)
        printf("\n对不起,此数据库中没有姓名为:%s 的记录\n",s);
      fclose(fp);
      return 0;
  }
  int del(struct info t[])                 /* 删除记录 */
  {
    char s[20];                            /* 要删除记录的姓名 */
    FILE *fp;
    int n,i,j=0;
    printf("\n请输入要删除记录的姓名：");   /* 提示信息 */
    scanf("%s",s);                         /* 输入姓名 */
      /* 打开文件，将文件读入到内存中 */
    fp=fopen("co.dat","r");
```

```
            n=0;
            while(!feof(fp))
            {
                fread(&t[n],sizeof(struct info),1,fp);
                n++;
            }
            fclose(fp);
            fp=fopen("co.dat","wb");
            j=1;
            i=0;
            while(i<n-1)
            {
                if(strcmp(s,t[i].name)!=0)/* 记录中的姓名和待比较的姓名是否相等 */
                    /* 删除数据后,将内存中的数据写入到文件中 */
                    fwrite(&t[i],sizeof(struct info),1,fp);
                else
                {
                    printf("\n********* 删除成功 ********** \n");
                    j=0;
                }
                i++;
            }
            fclose(fp);
            if(j==1)
            printf("\n没找到删除的记录\n");      /* 显示没找到要删除的记录 */
            return 0;
        }
        int sort(struct info t[])              /* 对记录排序 */
        {
            FILE *fp;
            int n,i,j=0,flag;
            struct info temp;                  /* 临时变量做交换数据用 */
            printf("\n按姓名排序：");           /* 提示信息 */
            /* 打开文件,将文件读入到内存中 */
            fp=fopen("co.dat","rb");
            n=0;
            while(!feof(fp))
            {
                fread(&t[n],sizeof(struct info),1,fp);
                n++;
            }
            fclose(fp);
            for(i=0;i<n;i++)
            {
```

```
        flag=0;                              /* 设标志判断是否发生过交换 */
        for(j=0;j<n-1;j++)
          if((strcmp(t[j].name,t[j+1].name))>0)   /* 比较大小 */
            {
            flag=1;
            strcpy(temp.num,t[j].num);       /* 交换编号 */
            strcpy(t[j].num,t[j+1].num);
            strcpy(t[j+1].num,temp.num);
            strcpy(temp.name,t[j].name);     /* 交换姓名 */
            strcpy(t[j].name,t[j+1].name);
            strcpy(t[j+1].name,temp.name);
            strcpy(temp.units,t[j].units);/* 交换单位 */
            strcpy(t[j].units,t[j+1].units);
            strcpy(t[j+1].units,temp.units);
            strcpy(temp.tele,t[j].tele);    /* 交换电话号码 */
            strcpy(t[j].tele,t[j+1].tele);
            strcpy(t[j+1].tele,temp.tele);
            }
          if(flag==0) break;               /* 如果标志为 0,说明没有发生过交换循环结束 */
        }
        printf("\n 按姓名排序成功\n");/**/
        fp=fopen("co.dat","wb");
        i=0;
        /* 排序成功后,将内存中的数据写入到文件中 */
        while(i<n-1)
        {
          fwrite(&t[i],sizeof(struct info),1,fp);
          i++;
        }
        fclose(fp);
printf("\n 按姓名排序成功,请输入选择项 3 查看排序结果\n");
return(0);
}
int menu_select()
{
  int c;
  printf("\n************* 通讯录程序菜单 ******************* \n");
  printf("\n          1.清空记录\n");
  printf("\n          2.增加记录\n");
  printf("\n          3.显示记录\n");
  printf("\n          4.查找记录\n");
  printf("\n          5.删除记录\n");
  printf("\n          6.排序记录\n");
  printf("\n          0.退出程序\n");
```

```
printf("\n ********************************************** \n");
do
{
    printf("\n 请输入你的选择项 (0～6):");
    scanf("%d",&c);
}while(c<0||c>6);
return c;
}
```

【运行结果】

1）主界面

当用户进入通讯录时,其主界面如图 11.5 所示,用户可用 0～6 之间的数值,调用相应的功能进行操作,当输入 0 时,退出通讯录系统。

2）输入记录

当用户输入 2 并按 Enter 键后,首先输入这次录入联系人的数目,例如输入 3。其后进入数据输入界面,其输入记录过程如图 11.6 所示,这时输入了 3 条联系人记录,当用户输入 1 时,保存记录。

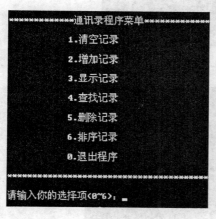

图 11.5

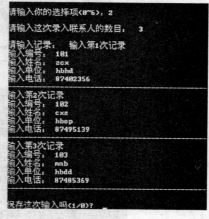

图 11.6

3）显示记录

当用户执行了输入记录后,输入 3 并按 Enter 键后,查看当前联系人的记录情况,此时共显示 3 条记录,如图 11.7 所示。

编号	姓名	单位	电话
101	zcx	hbhd	87402356
102	cxz	hbop	87495139
103	mnb	hbdd	87485369

显示完成, 请进行下一步

图 11.7

4) 查找记录

当用户输入 4 并按 Enter 键后,查找联系人的记录情况,输入要查找的姓名 cxz,此时显示姓名为 cxz 的记录,如图 11.8 所示。

图 11.8

5) 排序记录

当用户输入 6 并按 Enter 键后,屏幕显示按姓名排序成功,如图 11.9 所示。再输入 3 并按 Enter 键后,查看按姓名排序后联系人的记录情况,如图 11.10 所示。

请输入你的选择项<0~6>: 6

按姓名排序:
按姓名排序成功

按姓名排序成功, 请输入选择项3查看排序结果

图 11.9

编号	姓名	单位	电话
102	cxz	hbop	87495139
103	mnb	hbdd	87485369
101	zcx	hbhd	87402356

请输入你的选择项<0~6>: 3

显示完成, 请进行下一步

图 11.10

6) 删除记录

当用户输入 5,并按 Enter 键后,屏幕提示输入记录的姓名,输入姓名 zcx,按 Enter 键后显示删除成功,如图 11.11 所示。再输入 3 并按 Enter 键后,查看删除 zcx 后联系人的记录情况,如图 11.12 所示。

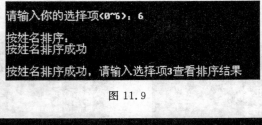

请输入你的选择项<0~6>: 5

请输入要删除记录的姓名: zcx

×××××××××删除成功×××××××××××

图 11.11

编号	姓名	单位	电话
102	cxz	hbop	87495139
103	mnb	hbdd	87485369

请输入你的选择项<0~6>: 3

显示完成, 请进行下一步

图 11.12

【思考】

（1）电话号码能否改为整数，为什么？

（2）临时变量 temp 能否定义为简单变量？

【任务 11.6】结构体成员包含姓名、单位、电话号码、工龄、技术等级（1～10 级），并有输入、显示、添加、删除、按姓名排序、按技术等级排序、退出程序等功能，请修改程序并调试。

【任务 11.7】学生信息管理系统。

（1）建立可处理 20 个同学和 5 门以上课程数据的学生基本信息和学生成绩信息的管理系统，学生基本信息包括学号、姓名、年龄、性别、出生年月、地址、电话、E-mail 等；学生成绩信息包括学号、课程名称、课程属性（1：表示考试，0：表示考查）、课程成绩。

编程实现以下功能。

① 录入学生基本信息、学生成绩信息。

② 屏幕显示学生基本信息、学生成绩信息。

③ 按学号对学生基本信息、学生成绩信息排序。

④ 学生基本信息和学生成绩信息分别保存到两个不同的文件中。

⑤ 根据学号查询学生基本信息、学生成绩信息、计算该学生平均成绩。

⑥ 按学号顺序插入某个学生的基本信息和某门课程的成绩。

⑦ 删除指定学号的学生的基本信息和该学生的所有课程成绩。

（2）要求如下。

① 分别用结构数组保存学生基本信息和学生成绩信息。

② 各项功能分别用不同函数实现，函数参数分别用数组或指针形式（两种形式都要有，部分函数用数组，部分函数用指针）。

（3）定义函数功能如下。

① 输入基本信息。

② 显示学生基本信息。

③ 显示学生成绩信息。

④ 学生基本信息按学号排序。

⑤ 学生成绩按学号排序。

⑥ 保存学生信息到文件。

⑦ 保存成绩信息到文件。

⑧ 按学号查询学生基本信息和各门课程成绩并计算平均成绩。

⑨ 按学号插入学生基本信息和某门课程成绩。

⑩ 按学号删除学生基本信息和该生全部课程成绩。

第 12 章 链表及其应用

链表是一种常见的数据结构,它动态地进行存储分配。其主要优点是根据程序数据的存储需要随时扩充或者缩小数据节点,可以方便地进行数据的插入、删除等操作。

知识点

- 链表的定义
- 链表的插入、删除、查找和排序

12.1 动态存储分配

在数组一章中,曾介绍过数组的长度是预先定义好的,在整个程序中固定不变。C语言中不允许动态数组类型。

例如:

```
int n;
scanf("%d",&n);
int a[n];
```

用变量表示长度,想对数组的大小作动态说明,这是错误的。但是,在实际的编程中,往往会发生这种情况,即所需的内存空间取决于实际输入的数据,而无法预先确定。对于这种问题,用数组的办法很难解决。为了解决上述问题,C语言提供了一些内存管理函数,这些内存管理函数可以按需要动态地分配内存空间,也可以把不再使用的空间回收待用,为有效地利用内存资源提供了手段。

常用的内存管理函数有以下两个,其函数的原型在 stdlib.h 中。

1. 分配内存空间函数 malloc

调用形式:

(类型说明符 *)malloc(size)

功能:在内存的动态存储区中分配一块长度为"size"字节的连续区域。函数的返回值为该区域的首地址。

"类型说明符"表示把该区域用于何种数据类型。(类型说明符 *)表示把返回值强制转换为该类型指针。"size"是一个无符号数。

例如:

pc=(char *)malloc(100);

表示分配 100 个字节的内存空间,并强制转换为字符数组类型,函数的返回值为指向该字符数组的指针,把该指针赋予指针变量 pc。

2. 释放内存空间函数 free

调用形式:

　　free(void ＊ ptr);

　　功能：释放 ptr 所指向的一块内存空间,ptr 是一个任意类型的指针变量,它指向被释放区域的首地址,被释放区应是由 malloc 函数所分配的区域。

【例 12.1】 分配一块区域,输入一个学生数据。

【源程序】

```
#include<stdio.h>
#include<stdlib.h>
struct stu
  {
    int no;
    char * name;
    char sex;
    float score;
  } * ps;
void main()
{
ps=(struct stu* )malloc(sizeof(struct stu));
ps->no=102;
ps->name="Zhang ping";
ps->sex='M';
ps->score=62.5;
printf("Nober=%d\nName=%s\n",ps->no,ps->name);
printf("Sex=%c\nScore=%f\n",ps->sex,ps->score);
free(ps);
}
```

　　本例中,定义了结构 stu,定义了 stu 类型指针变量 ps。然后分配一块 stu 内存区,并把首地址赋予 ps,使 ps 指向该区域。再以 ps 为指向结构的指针变量对各成员赋值,并用 printf 输出各成员值,最后用 free 函数释放 ps 指向的内存空间。整个程序包含了申请内存空间、使用内存空间、释放内存空间三个步骤,实现存储空间的动态分配。

　　【任务 12.1】 请用指针方式,重写上述程序。

12.2　线性链表

　　线性链表是一种常用的动态数据结构,在系统程序设计中经常使用。在定义数组时,必须明确指定数组元素的个数,从而限制了能够在一个数组中存放的数据量。例如,在实际应用中,如果预先不能准确确定学生人数,也就无法确定数组大小,而且当学生留级、退学之后也不能把该元素占用的空间从数组中释放出来。所以,一个程序每次运行时要处理的数据的数目通常是不确定的,数组如果定义小了,将没有足够的空间存放数据,定义大了又会浪费空间。对于这种情况,如果在程序执行过程中,根据需要随时开辟存储空间,不需要随时释放,就能比较合理地使用存储空间。C 语言利用链表实现了这种动态存储分配空间。

　　链表是指若干个数据项按一定的原则连接起来的表,在链表中的每一个数据称为节点。链表的链接原则是:前一个节点指向下一个节点,只有通过前一个节点才能找到下一个节点。最简单的一种是单向链表,它包含两个域,一个信息域和一个指针域。

链表必须有一个"头指针"变量,一般以 head 表示,它存放一个地址,该地址指向一个元素。然后在第一个节点的指针域内存入第二个节点的首地址,在第二个节点的指针域内又存放第三个节点的首地址,如此串连下去直到最后一个节点。最后一个节点因无后续节点连接,其指针域可赋为 0。

这种链表的数据结构,必须利用指针变量才能实现,即一个节点中应包含一个指针变量,用它存放下一节点的地址。

例如,对于一个通讯录程序,如表 12.1 所示。

表 12.1

name(姓名)	no(学号)	tel(电话)	E-mail(邮箱)
LiMing	20100101	87402352	zcx@sina.com
ZhangLiLi	20100102	87495137	zcxy@163.com
WangGang	20100103	87801779	zlj@263.net

采用链表结构可以按需要分配空间,只需分配 3 个节点,动态结构的通讯录存储如图 12.1 所示。

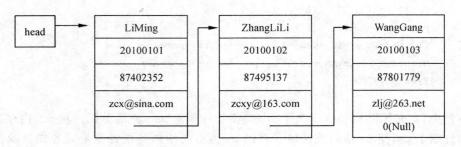

图 12.1

在图 12.1 中,第 0 个节点称为头节点,它存放着第一个节点的首地址,它没有数据,只是一个指针变量。以下的每个节点都分为两个域,一个是数据域,存放各种实际的数据,如 no(学号),name(姓名),tel(电话),Email(邮箱)等;另一个域为指针域(常用 next 表示),存放下一节点的首地址。链表中的每一个节点都是同一种结构类型,我们不必关心每个节点的地址,只要保证下一节点的地址存放到前一节点的成员 next 中就可以了。

可以设计如下一个结构体类型:

```c
struct student                    /* 定义结构体 */
{
char name[10];
long no;
char tel[13];
char Email[20];
struct student * next;
};
```

其中,成员 name、no、tel 和 Email 用来存放节点中的有用数据(用户需要用到的数据),next 是指针类型的成员,它指向 struct student 类型数据(这就是 next 所在的结构体类型)。一个指针类型的成员既可以指向其他类型的结构体数据,也可以指向自己所在的结构体类型的数据。现在,next 是 struct student 类型中的一个成员,它又指向 struct student 类型的数据,用这种方法就可以建立链表。

图 12.1 中每一个节点都属于 struct student 类型,它的成员 next 存放下一节点的地址。请注意:上面只是定义了一个 struct student 类型,并未实际分配存储空间,只有定义了变量才分配内存单元。链表是动态进行地址分配的,即在需要时才开辟一个节点的存储单元。C 语言可以通过库函数的调用实现动态空间的分配和释放。

12.3　静态链表

【例 12.2】建立一个如图 12.1 所示的简单链表,它由 3 个学生数据的节点组成,输出各节点中的数据。

【源程序】

```
#include<stdio.h>
#define NULL 0
struct student                          /* 定义结构体 */
{
  char *name;
  long no;
  char *tel;
  char *Email;
  struct student *next;
};
void main()
{
  /* 对节点的 name、no、tel 和 score 成员赋值 */
  struct student a,b,c, *head, *p;
  a.name="LiMing";      a.no=20100101;
  a.tel="87402352";     a.Email="zcx@ sina.com";
  b.name="ZhangLiLi";   b.no=20100102;
  b.tel="87495137";     b.Email="zcxy@ 163.com";
  c.name="WangGang";    c.no=20100103;
  c.tel="87801779";     c.Email="zlj@ 263.net";
  head=&a;              /* 将节点 a 的起始地址赋给头指针 head */
  a.next=&b;           /* 将节点 b 的起始地址赋给 a 节点的 next 成员 */
  b.next=&c;           /* 将节点 c 的起始地址赋给 b 节点的 next 成员 */
  c.next=NULL;         /* c 节点的 next 成员不存放其他节点地址 */
  p=head;              /* 使 p 指针指向 a 节点 */
  printf("\n\tname\tno\t\ttel\t\tEmail\n");
  do
```

```
    {
        /* 输出 p 指向的节点的数据 */
        printf("\t%s\t%d\t%s\t%s\n",head->name,head->no,head->tel,head->Email);
        p=p->next;              /* 使 p 指向下一节点 */
    } while(p!=NULL);           /* 输出 c 节点后 p 的值为 NULL */
}
```

程序运行的结果如图 12.2 所示。

```
name      no              tel             Email
LiMing    20100101        87402352        zcx@sina.com
LiMing    20100101        87402352        zcx@sina.com
LiMing    20100101        87402352        zcx@sina.com
```

图 12.2

开始时使 head 指向 a 节点,a. next 指向 b 节点,b. next 指向 c 节点,这就构成链表关系。"c. next＝NULL"的作用是使 c. next 不指向任何有用的存储单元。在输出链表时要借助 p,先使 p 指向 a 节点,然后输出 a 节点中的数据,"p＝p－＞next"将 p 后移一个节点,p－＞next 的值是 b 节点的地址,因此执行"p＝p－＞next"后 p 就指向 b 节点,所以在下一次循环时输出的是 b 节点中的数据。本例中所有节点都是在程序中定义的,不是临时开辟的,也不能用完后释放,这种链表称为"静态链表"。

【思考】
(1) 各个节点是怎样构成链表的。
(2) 没有头指针 head 行不行?
(3) p 起什么作用? 没有它行不行?

12.4　动态链表

所谓建立动态链表是指在程序执行过程中从无到有地建立起一个链表,即一个一个地开辟节点和输入各节点数据,并建立起前后相链的关系。

【例 12.3】编写一个 creat()函数,创建一个单链表(链表中的节点数由学生人数决定,学生人数从键盘输入)。

【源程序】
/* 结构体、常量、变量、头指针的定义见例 12.8 */

```
    struct student *creat()                 /* 产生一个链表 */
    {
        struct student *p, *q;              /* p,q 开始均指向链表的头 */
        int i;
        printf("学生人数:");
        scanf("%d",&n);
        for(i=0;i<n;i++)
        {
```

```
        p=(struct student *)malloc(LEN);        /* 申请内在分配 */
        printf("姓名:");scanf("%s",p->name);
        printf("学号:");scanf("%d",&p->no);
        printf("电话:");scanf("%s",p->tel);
        printf("邮箱:");scanf("%s",p->Email);
        if(i==0)                                /* 是第一个节点 */
          head=p;                               /* head 指向新开辟的节点 */
        else                                    /* 不是第一个节点 */
          q->next=p;                            /* 将 q 指向新的节点 */
                                                /* q 为前一个节点,p 为后一个节点 */
          q=p;                                  /* 向后移动 q 节点 */
      }
      q->next=NULL;                             /* 退出循环后,让 q 的指针域指向链尾 */
      return(head);
    }
```

程序运行的结果如图 12.3 所示。

图 12.3

【说明】

(1)在 creat()函数中使用了 3 个指针变量:head、p 和 q,它们各自有不同的作用。

head:指向头节点。

p:总是指向最新开辟的节点。

q:存储当前链表中最后一个节点的地址。当开辟了新的节点后,通过语句"q—>next＝p;"把新节点连接到链表中,然后 q 又向后移动,即永远保持指向当前链表的最后一个节点。

(2)本程序建立的链表是没有头节点的链表,头指针 head 指向链表的第一个节点,当链表为空时有 head＝0。

在实际应用中,为了简化问题,通常在链表中设置一个不保存数据信息的头节点。

【任务 12.2】参考上例,修改函数 * creat()使其能够建成带有头节点的链表。

12.5　输出链表

输出链表是将链表中各节点的数据依次输出。首先要知道链表第一个节点的地址，也就是要知道 head 的值。然后设一个指针变量 p，先指向第一个节点，输出 p 所指的节点，然后使 p 后移一个节点，再输出，直到链表的尾节点。

【例 12.4】编写一个输出链表的函数 print。

【源程序】/* 结构体、常量、变量、头指针的定义见例 12.8 */

```
void print(struct student * head)
{
    struct student * p;
    printf("\n\tname\t\tno\t\ttel\t\tEmail\n");
    p=head->next;                    /* 指向第一个节点 */
    if(p==NULL)
      printf("链表为空");
    else
    {
      while(p!=NULL)
      {
printf("\t%s\t%d\t%s\t%s\n",head->name,head->no,head->tel,head->Email);
        p=p->next;                   /* 向后移动指针 p */
      }
    }
}
```

p 先指向第一节点，在输出完第一个节点后，p 向后移动，指向第二个节点。程序中 p＝p－＞next 的作用是将 p 第一个节点中 next 的值赋给 p，p－＞next 的值是第二个节点的起始地址，将它赋给 p，就是使 p 指向第二个节点。

12.6　查找节点

要找某一元素，必须先找到上一个元素，根据它提供的下一元素地址才能找到下一个元素。如果不提供"头指针"(head)，则整个链表都无法访问。链表如同一条铁链一样，一环扣一环，中间是不能断开的。打个通俗的比方：幼儿园的老师带领孩子出来散步，老师牵着第一个小孩的手，第一个小孩的另一只手牵着第二个孩子……这就是一个"链"，最后一个孩子有一只手空着，他是"链尾"。要找这个队伍，必须先找到老师，然后顺序找到每一个孩子。

【例 12.5】查找节点的函数 find。

【源程序】/* 结构体、常量、变量、头指针的定义见例 12.8 */

```
void find(struct student * head)
{
    int st;
    struct student * p;
```

```
printf("输入学号:");
scanf("%ld",&st);
p=head;
while(p!=NULL && p->no!=st)
  p=p->next;                           /* 向后移动指针 p */
if(p!=NULL)
{
  printf("\n\tname\tno\t\ttel\t\tEmail\n");
  printf("\t%s\t%d\t%s\t%s\n",p->name,p->no,p->tel,p->Email);
}
else
  printf("不存在%d学号的学生\n",st);
}
```

12.7　对链表的删除操作

已有一个链表,希望删除其中某个节点。先打个比方:一队小孩(A、B、C、D、E)手拉手,如果某一小孩 C 想离队有事,而队形仍保持不变。只要将 C 的手从两边脱开,B 改为与 D 拉手即可,如图 12.4 所示。图 12.4(a)是原来的队伍,图 12.4(b)是 C 离队后的队伍。

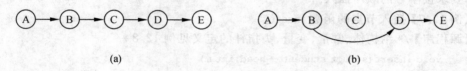

(a)　　　　　　　　　　　　　(b)

图 12.4

与此相仿,从一个动态链表中删去一个节点,并不是真正从内存中把它抹掉,而是把它从链表中分离开来,只要撤消原来的链接关系即可。

【例 12.6】删除节点的函数 del。

【源程序】/* 结构体、常量、变量、头指针的定义见例12.8 */

```
    int del(struct student *head,int m)
    {
    struct student *p, *q;
    q=head;                          /* q指向头节点 */
    p=head->next;                    /* p指向第一个节点 */
    while(p!=NULL)                   /* 判断是否到了表尾 */
      if(m!=p->no)                   /* 判断是否找到删除点 */
      {
        q=q->next ;                  /* q指针后移 */
        p=p->next ;                  /* p指针后移 */
      }
      else
        break;
```

```
        if(p==NULL)
          return 0;
        q->next=p->next ;
        free(p);
      return 1;
    }
```

【说明】

(1)当链表不为空时,根据条件"m! =p->no"查找要删除的节点。在执行循环时,p 指针在前,q 指针在后,从表头向表尾方向移动。当 p 正好指向要删除的节点时,条件为假,提前退出循环。由于此时 p 不为 NULL,可以通过语句"q->next=p->next ;"完成节点的删除操作,并释放所删除节点占用的空间后,函数返回 1。

(2)有两种情况函数返回值为 0。第一种:链表为空表。第二种:链表虽不为空,但不存在所要删除的节点。

12.8 对链表的插入操作

对链表的插入是指将一个节点插入到一个已有的链表中。设已有一个通讯录链表,各节点是按其成员项 no(学号)的值由小到大顺序(升序)排列的。要插入一个新同学的节点,要求按学号的顺序插入。

【例 12.7】插入节点的函数 insert。

【源程序】/* 结构体、常量、变量、头指针的定义见例 12.8 */

```
    void insert(struct student * head,int m)
    {
    struct student * p, * q, * k;
    k=(struct student * )malloc(LEN);      /* n 指向新开辟的节点 */
    k->no=m;                               /* 将形参 m 赋予新节点的 no 成员 */
    q=head;                                /* q 指向头节点 */
    p=head->next;                          /* p 指向第一个节点 */
    while(p!=NULL)                         /* 判断是否到了表尾 */
    {
      if(p->no <=m)                        /* 判断是否找到插入点 */
      {
        q=q->next ;                        /* q 指针后移 */
        p=p->next ;                        /* p 指针后移 */
      }
      else
        break;
      k->next=p;                           /* k 节点与 p 节点的链接 */
      q->next=k;                           /* k 节点与 q 节点的链接 */
      n=n+1;                               /* 节点数加 1 */
    }
    }
```

【说明】

(1)程序中使用了 3 个指针变量:k、q 和 p。其中,k 指向新开辟的待插入的节点;p 指向要插入的位置;而 q 指向 p 的前一个节点。并通过语句"k—>next=p;q—>next= k;"使待插入的节点插入到 p 所指的节点之前。

(2)如果链表是空表,在执行语句"p=head—>next;"后,p 的值为 NULL,所以不进入循环,而直接执行语句"k—>next=p;q—>next=k;"即新插入的节点就是链表的每一个节点也是最后一个节点。

(3)如果链表为非空,为了保证插入后的节点数值依然有序,则要根据条件进行插入点的查找,一旦条件"p—>no <= m"为假,说明已找到插入位置,需提前退出循环。在执行插入语句"k—>next=p;q—>next=k;"后,就将新节点插入到 p 所指的节点之前了。如果正常退出循环,则 p 的值变为 NULL,说明 p 已经指向尾节点。执行插入语句后,就将新节点插在链表的最后了。

12.9　对链表的综合应用

【例 12.8】将以上建立、输出、删除、插入、查找的函数组织在一个 C 程序中,即用 main 函数作为主函数调用它们。

【源程序】

```
#include<stdlib.h>
#include <stdio.h>
struct student                          /* 定义链表结构 */
{
    char name[10];
    long no;
    char tel[13];
    char Email[20];
    struct student * next;
};
#define NULL 0
#define LEN sizeof(struct student)
struct student * head;

struct student * creat();
void find(struct student * head);
void insert(struct student * head,int m);
int del(struct student * head,int m);
void find(struct student * head);
void print(struct student * head);
int n;

void main()
{
```

```
    int k,m;;
    head=creat();
    printf("链表为：");
    print(head);
    printf("寻找链表的节点为：");
    void find(head);
    print(head);
    printf("输入插入节点的数据：");
    print(head);
    scanf("%d",&m);
    insert(head,m);
    print(head);
    printf("输入删除节点的数据：");
    scanf("%d",&m);
    k=del(head,m);
    if(k==1)
    {
        printf("删除节点后的链表为：");
        print(head);
    }
    else
        printf("需要删除的节点不存在：");
}
```

【任务 12.3】编写一个通讯录程序，通讯录的格式如下：

姓名　　电话　　手机　　E_mail

要求用结构体链表描述通讯录并实现以下功能：

① 录入通讯录；

② 按姓名查找；

③ 输出通讯录。

【例 12.9】单向链表的实例（插入，删除，修改，查看，浏览）。

【源程序】

```
#include "stdio.h"
#include <malloc.h>
#include <stdlib.h >
struct UserInfo
{
    int stdID;                          /* 学号 */
    char name[30];                      /* 姓名 */
    UserInfo * next;                    /* 链表的节点 */
};
/* 定义两个全局变量 */
UserInfo * head=NULL;                   /* 定义链表的头指针 */
UserInfo * tail=NULL;                   /* 定义链表的尾指针 */
```

```
void GetUserChooseItem()
{
  printf("\n1. 插入学生信息; ");
  printf("\n2. 查看所有学生信息; ");
  printf("\n3. 删除学生信息; ");
  printf("\n4. 查找单个学生信息; ");
  printf("\n5. 修改学生信息; ");
  printf("\n6. 退出系统; \n");
}
int ChooseWork()
{
  GetUserChooseItem();
  int choCount=0;
  printf("\n 请选择你要操作的类型: ");
  scanf("%d",&choCount);
  while(choCount>=1 &&choCount<=6)
  {
    GetUserChooseItem();
    printf("\n 对不起,输入的选项不存在,请重新输入: ");
    scanf("%d",&choCount);
  }
  return choCount;
}
void InsertUserInfo()
{
  struct UserInfo * p1=(struct UserInfo * )malloc(sizeof(struct UserInfo));
  printf("\n 请输入要插入的学生信息: \n");
  printf("\n 学号: ");
  scanf("%d",&p1->stdID);
  printf("\n 姓名(可汉字输入): ");
  scanf("%s",p1->name);
  p1->next=NULL;
  if(p1==NULL)
    printf("\n 内存分配失败\n!");
  if(head==NULL && tail==NULL) /* 当前还没有节点,插入第一个节点 */
  {
    head=p1;
    head->next=NULL;
    tail=head;
    printf("-------数据成功插入到第一个节点!-------\n");
  }
  else /* 如果当前还有节点则插入尾部 */
  {
    tail->next=p1;
```

```
        tail=p1;
        tail->next=NULL;
        printf("--------数据插入尾部成功!--------\n");
    }
    return ;
}
void LookUserInfo()
{
    struct UserInfo * p1=(struct UserInfo * )malloc(sizeof(struct UserInfo));
    if(head==NULL && tail==NULL)
        printf("\n 当前链表数据为空!\n");
    else
    {
        printf("\n 学号 姓名\n");
        p1=head;
        while(p1!=NULL)
        {
            printf("%d %s\n",p1->stdID,p1->name);
            p1=p1->next;
        }
    }
}
void DeleUserInfo()
{
    struct UserInfo * node=(struct UserInfo * )malloc(sizeof(struct UserInfo));
    struct UserInfo * p1;
    int flag=0;
    int DeleteID;
    printf("\n 请输入要删除的学生学号:");
    scanf("%d",&DeleteID);
    if(head==NULL && tail==NULL)
        printf("\n 当前链表数据为空,删除失败!\n");
    else
    {
        node=head;
        p1=head;
        while(node!=NULL)
        {
            if(node->stdID==DeleteID)
            {
                printf("\n-----------要删除的学生的全部信息---------\n");
                /* 在这里找到了要删除的学生信息 */
                printf("\n 学号 姓名\n");
                printf("%d %s\n",p1->stdID,p1->name);
```

```
        /* 找到要删除的信息,赋为真 */
        flag=1;
        if(node==head && head==tail)//是头节点,并且只有一个节点
        {
          head=NULL;
          tail=head;
          delete node;
          printf("\n 删除唯一的节点成功\n");
        }
        else if(node==head && head->next!=NULL)    /* 删除头节点 */
        {
          node=head;
          head=head->next;
          delete node;
          printf("\n 头节点删除成功\n");
        }
        else if(node->next!=NULL)            /* 删除中间节点 */
        {
          p1->next=node->next;
          delete node;
          printf("\n 中间节点删除成功\n");
        }
        else if(node->next==NULL)
        {
          p1->next=NULL;
          tail=p1;
          delete node;
          printf("\n 尾节点删除成功\n");
        }
        return;
      }
      else
      {
        p1=node;
        node=node->next;
      }
    }
  }
  if(head!=NULL && flag==0)
    printf("\n 对不起,你要删除的用户不存在!\n");
}
void LookOneUserInfo()
{
  struct UserInfo * p1=(struct UserInfo * )malloc(sizeof(struct UserInfo));
  int flag=0;
```

```
    int LookID;
    printf("\n请输入要查找的学生学号:");
    scanf("%d",&LookID);
    if(head==NULL && tail==NULL)
      printf("\n对不起,当前链表数据为空!\n");
    else
    {
      p1=head;
      printf("\n----------你要找的用户的信息如下---------\n");
      /* 在这里找到了要查找的学生信息 */
      printf("\n学号 姓名\n");
      while(p1!=NULL)
      {
        if(p1->stdID==LookID)
        {
          printf("%d %s\n",p1->stdID,p1->name);
          flag=1;
          return;
        }
        else
          p1=p1->next;
      }
    }
    if(head!=NULL && flag==0)
      printf("\n对不起,你查看的用户不存在!\n");
}
void UpdateUserInfo()
{
    struct UserInfo * p1=(struct UserInfo * )malloc(sizeof(struct UserInfo));
    int flag=0;
    int UpdateID;
    printf("\n请输入要修改的学生学号:");
    scanf("%d",&UpdateID);
    /* 查找到要修改的用户 */
    if(head==NULL && tail==NULL)
      printf("\n对不起,当前链表数据为空!\n");
    else
    {
      p1=head;
      while(p1!=NULL)
      {
        if(p1->stdID==UpdateID)
        {
          printf("\n----------你要修改的用户信息如下---------\n");
          printf("\n学号 姓名\n");
```

```
        printf("%d %s\n",p1->stdID,p1->name);
        printf("\n----------请重新写入此用户信息:---------\n");
        flag=1;
        /* 重新写入修改项目 */
        printf("\n 修改学号为:");
        scanf("%d",&p1->stdID);
        printf("\n 修改姓名(汉字输入)为:");
        scanf("%s",p1->name);
        return;
      }
      else
        p1=p1->next;
    }
  }
  if(head!=NULL && flag==0)
    printf("\n 对不起,你要修改的用户不存在!\n");
}
void main()
{
  printf("提示:可按 Ctrl+空格键切换输入法!\n\n");
  int choCount=ChooseWork();
  while(choCount>0 && choCount<7)
  {
    switch(choCount)
    {
    case 1: InsertUserInfo();break;      /* 插入 */
    case 2: LookUserInfo(); break;       /* 查看 */
    case 3: DeleUserInfo(); break;       /* 删除 */
    case 4:LookOneUserInfo();break;      /* 查找 */
    case 5: UpdateUserInfo();break;      /* 修改 */
    case 6:exit(0); break;
    default: break;
    }
    choCount=ChooseWork();
  }
}
```

【运行结果】

1）主界面

当用户进入"学生信息管理系统"时,其主界面如图
12.5 所示,用户可在 1～6 之间的数值,调用相应的功能
进行操作,当输入 6 时,退出通讯录系统。

2）插入记录

用户输入 1 并按 Enter 键后,输入了学生记录,这时
插入 1 个学生的记录,重复输入,再插入多个学生记录,
如图 12.6 所示。

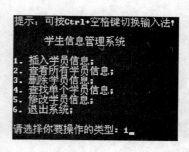

图 12.5

【任务 12.4】修改插入学生信息函数,让其一次可以插入多条记录。

3)查看记录

当用户执行了插入记录后,输入 2 并按 Enter 键后,查看当前学生的记录情况,此时共显示 3 条记录,如图 12.7 所示。

【任务 12.5】运行源程序,完成"删除学生信息、查看单个学生信息、修改学生信息"操作。

【任务 12.6】用链表的方式,输入若干本书的单价和书名,当输入的单价为"0"时,停止输入,然后按单价进行排序后输出。

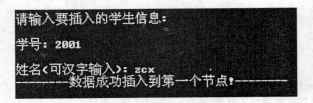

图 12.6   图 12.7

【任务 12.7】有如表 12.2 所示的一些记录,请用链表的方式,分别实现增加一条数据、删除一条数据、查询一条数据的功能。

表 12.2

姓名	学号	性别	年龄
张三	840631	男	18
李四	840632	女	20
王五	840633	男	21

第 13 章 综合应用实例——学生成绩管理系统

前 12 章的内容基本涵盖了 C 语言程序设计的基础知识和应用,本章给出了一个完整的项目实例——学生成绩管理系统,来全面指导读者如何充分使用 C 语言完成系统的开发。

知识点

- 功能描述
- 功能模块设计
- 总体设计
- 程序实现

通过"学生成绩管理系统"训练,让读者了解管理信息系统的开发流程,熟悉 C 语言的文件和单链表的各种基本操作。本程序涉及结构体、单链表、文件等方面的知识。通过本程序的训练,使读者能对 C 语言的文件操作有一个更深刻的了解,掌握利用单链表存储结构实现对学生成绩管理的原理,为进一步开发高质量的信息管理系统打下坚实的基础。

13.1 系统功能描述

1. 功能模块简介

学生成绩管理系统主要利用单链表实现。它由如下五大功能模块组成,如图 13.1 所示。

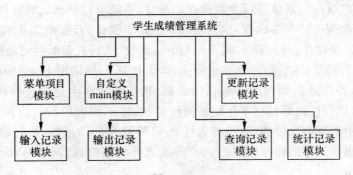

图 13.1

1) 输入记录模块

输入记录模块主要完成将数据存入单链表的工作。在此学生成绩管理系统中,记录也可以从以二进制形式存储的数据文件中读入，也可以从键盘逐个输入学生记录。学生记录由学生的基本信息和成绩信息字段构成。当从数据文件中读入记录时，它就是从以记录为单位存储的数据文件，将记录逐条读入到单链表中。

2) 查询记录模块

查询记录模块主要完成在单链表中查找满足相关条件的学生记录。在此学生成绩管理系统中，用户可以按照学生的学号或者姓名在单链表进行查找。若找到学生的记录，则返回指向该学生记录的指针。否则，返回一个 NULL 的空指针，并打印出未找到该学生记录的提示信息。

3) 更新记录模块

更新记录模块主要完成对学生记录的维护。在此学生成绩管理系统中，它实现了对学生记录的修改、删除、插入和排序操作。一般而言，系统进行了这些操作后，需要将修改的数据存入源数据文件中。

4) 统计记录模块

统计记录模块主要完成对各门功课最高分和不及格人数的统计。

5) 输出记录模块

输出记录模块主要完成两个任务。第一，它实现对学生记录的存盘操作，即将单链表中的各节点中存储的学生记录信息写入数据文件中。第二，它实现将单链表中存储的学生记录信息以表格的形式在屏幕上显示出来。

2. 功能模块设计

1) 主控(main)函数执行流程

学生成绩管理系统的执行流程如图 13.2 所示。它先以可读写的方式打开数据文件，此文件默认为"C:\student"，若该文件不存在，则新建此文件。当打开文件操作成功后，从文件中一次读出一条记录，添加到新建的单链表中，然后执行显示主菜单和进入主循环操作，进行按键判断。

在判断键值时，有效的输入为 0~9 之间的任意数值，其他输入都视为错误按键。若输入为"0"（即变量 select＝0），它会继续判断在对记录更新操作之后是否需要进行数据存盘操作，若未存盘，则全局变量 saveflag＝1，系统会提示用户是否要进行数据存盘操作，用户输入"Y"或"y"，系统进行存盘操作。最后，系统进行退出成绩管理系统操作。

若选择 1，则调用 Add() 函数，执行增加学生记录操作；若选择 2，则调用 Del() 函数，执行删除学生记录操作；若选择 3，则调用 Qur() 函数，执行查询学生记录操作；若选择 4，则调用 Modify() 函数，执行修改学生记录操作；若选择 5，则调用 Insert() 函数，执行插入学生记录操作；若选择 6，则调用 Tongji() 函数，执行统计学生记录操作；若选择 7，则调用 Sort() 函数，执行按降序排序学生记录操作；若选择 8，则调用 Save() 函数，执行将学生记录存入磁盘中的数据文件的操作；若选择 9，则调用 Disp() 函数，执行将学生记录以表格形式打印输出至屏幕的操作；若输入为 0~9 之外的数值，则调用 Wrong() 函数，给出按键错误的提示。

2) 输入记录模块

输入记录模块主要实现将数据存入单链表中，分为从文件读入和从键盘输入。从文件读入：当从数据文件中读出记录时，它调用 fread(p, sizeof(Node), 1, fp) 文件读取函数，执行一次从文件中读取一条学生成绩信息存入指针变量 p 所指的节点中的操作，并

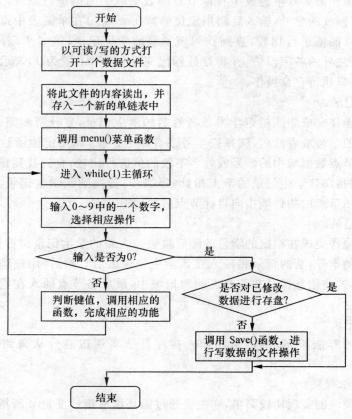

图 13.2

且这个操作在 main() 中执行,即当成绩管理系统进入显示菜单界面时,该操作已经执行了。若该文件中没有数据,系统提示单链表为空,没有任何学生记录可操作,此时用户应该选择 1,调用 Add() 函数,从键盘输入学生记录,即完成在单链表中添加节点的操作。这里的字符串和数值的输入均采用函数来实现,在函数中完成输入数据的任务,并对数据进行条件判断,直到满足条件为止。这样大大减少了代码的重复和冗余,符合模块化程序设计的特点。

3) 查询记录模块

查询记录模块主要实现在单链表中按学号或者姓名查找满足相关条件的学生记录。在查询函数 Qur() 中,k 为指向保存了学生成绩信息的单链表的首地址的指针变量。为了遵循模块化设计的原则,把在单链表中进行指针定位操作设计成了一个单独的函数 Node * Locate(Link k,char findmess[ ],char nameornum[ ]),参数 findmess[ ] 保存了要查找的具体的内容,nameornum[ ] 保存了要查找的字段(值为字符串类型的 num 或者 name),若找到该记录,则返回指向该节点的指针,否则返回一个空指针。

4) 更新记录模块

更新记录模块主要实现对学生记录的修改、删除、插入和排序操作。因为学生记录是以单链表的结构形式存储的,所以这些操作都在单链表中完成。

(1) 修改记录。

修改记录操作需要对单链表中目标节点的数据域中的值进行修改,它分两步完成。第一步,输入要修改的学号,输入后调用定位函数 Locate() 在单链表中逐个对节点数据域中的学号字段的值进行比较,直到找到该学号的学生记录;第二步,若找到该学生记录,修改除学号之外的各字段值,并将存盘标记变量 saveflag 置为 1,表示已经对记录进行了修改,但还未执行存盘操作。

(2)删除记录。

删除记录操作完成删除指定学号或者姓名的学生记录,它分两步完成。第一步,输入要删除学生的学号或者姓名,选择按学号或者姓名定位,调用定位函数 Locate() 在单链表中逐个对节点数据域中的学号或姓名字段的值进行比较,直到找到该学号或姓名的学生记录,返回指向该学生记录的节点指针;第二步,若找到该学生记录,将该学生记录所在节点的前驱节点的指针域指向目标节点后的后继节点。

(3)插入记录。

插入记录操作完成在指定的学号的随后位置插入新的学生记录。首先,它要求用户输入某个学生的学号,新的记录将插入在该学生记录之后。然后,用户输入一条新的学生记录的信息,这些信息保存在新节点的数据域中,最后将节点插入在指定位置(学号)之后。

(4)排序记录。

有关排序的算法很多,本例采用插入排序算法实现按总分从高到低对学生记录排序。

5)统计记录模块

统计记录模块的实现比较简单,它主要通过循环读取指针变量 p 所指的当前节点的数据域中各字段的值,并对各成绩字段进行逐个判断的形式,完成单科最高分学生的查找和各科不及格人数的统计。

6)输出记录模块

输出记录模块分为输出至文件和输出至屏幕,当把记录输出至文件时,调用 fwrite(p,sizeof(Node),1,fp),将 p 指针所指的节点中的各字段值,写入文件指针 fp 所指的文件。当把记录输出至屏幕时,调用函数,将单链表 k 中存储的学生记录信息以表格的形式在屏幕上显示出来。

13.2　函数功能描述

(1)程序预处理:包括头文件,定义结构体、常量和变量,并对它们进行初始化工作。

(2)主函数 main():主要实现对整个程序的运行控制,以及相关功能模块的调用。

(3)主菜单界面:用户进入成绩管理系统时,需要显示主菜单,提示用户进行选择,完成相应的任务,此代码被 main() 函数调用。

(4)表格形式显示记录:由于记录显示操作经常进行,所以将这部分用独立的函数来实现,减少代码的重复。

(5)记录查找定位:用户进入成绩管理系统时,在对某个学生的记录进行处理前,需要按照条件找到这条记录,此函数完成了节点定位的功能。

(6)格式化输入数据:要求用户输入的只有字符型和数值型的数据,设计两个函数来单独处理。

（7）增加学生记录：若数据文件为空，则从单链表的头部开始增加学生记录的节点，否则，将此学生记录节点添加到单链表的尾部。

（8）查询学生记录：当用户执行查询任务时，系统会提示用户进行查询字段的选择，即按学号或者姓名查询。若此学生记录存在，则打印输出此学生记录的信息。

（9）删除学生记录：在删除操作中，系统会按用户要求找到该学生记录的节点，然后从单链表中删除这个节点。

（10）修改学生记录：系统会先按输入的学号查找到该记录，然后提示用户修改学号之外的值，但学号不能修改。

（11）插入学生记录：系统会先按输入的学号查找到要插入节点的位置，然后在该学号之后插入一个新节点。

（12）统计学生记录：系统会统计该班的总分第一名、单科第一名和各科不及格的人数，并打印输出统计结果。

（13）排序学生记录：系统会利用插入排序法实现单链表的按总分字段的降序排序，并打印出排序前和排序后的结果。

（14）存储学生记录：系统会将单链表的数据写入磁盘中的数据文件，若用户对数据修改后没有进行存盘操作，那么退出系统时，系统会提示用户是否存盘。

13.3　源程序

源程序如下。

```c
#include "stdio.h"                      /* 标准输入/输出函数库 */
#include "stdlib.h"                     /* 标准函数库 */
#include "string.h"                     /* 字符串函数库 */
#define HEADER1 "
---------------------------STUDENT---------------------------- \n"
#define HEADER2 "|number|name|Comp|Math|Eng|sum|ave|mici |\n"
#define HEADER3 "
|--------------- |--------------- |---- |---- |---- |------- |------- |----- |"
#define FORMAT " |%-10s |%-15s|%4d|%4d|%4d|%4d| %.2f |%4d |\n"
#define DATA p->data.num,p->data.name,p->data.egrade,p->data.mgrade,p->data.
cgrade,p->data.total,p->data.ave,p->data.mingci
#define END "
-------------------------------------------------------------- \n"


int saveflag=0;                         /* 是否需要存盘的标志变量 */
/* 定义与学生有关的数据结构 */
struct student                          /* 标记为 student */
{
  char num[10];                         /* 学号 */
  char name[15];                        /* 姓名 */
  int cgrade;                           /* C 语言成绩 */
```

```
    int mgrade;                          /* 数学成绩 */
    int egrade;                          /* 英语成绩 */
    int total;                           /* 总分 */
    float ave;                           /* 平均分 */
    int mingci;                          /* 名次 */
};
/* 定义每条记录或节点的数据结构,标记为:node */
typedef struct node
{
    struct student data;                 /* 数据域 */
    struct node * next;                  /* 指针域 */
}Node, * Link;    /* Node 为 node 类型的结构变量,* Link 为 node 类型的指针变量 */
void menu()                              /* 主菜单 */
{
    system("cls");                       /* 调用 DOS 命令,清屏 */
    printf("\n\n");
    printf("   The Students' Grade Management System \n");
    printf("\n\n");
    printf("  ****************** Menu ******************************* \n");
    printf(" * 1 input    record    2 delete    record              * \n");
    printf(" * 3 search   record    4 modify    record              * \n");
    printf(" * 5 insert   record    6 count     record              * \n");
    printf(" * 7 sort     reord     8 save      record              * \n");
    printf(" * 9 display  record    0 quit      system              * \n");
    printf("  ***************************************************** \n");
}
void printheader()                       /* 格式化输出表头 */
{
    printf(HEADER1);
    printf(HEADER2);
    printf(HEADER3);
}
void printdata(Node * q)                 /* 格式化输出表中数据 */
{
    Node * p;
    p=q;
    printf(FORMAT,DATA);
}
void Wrong()                             /* 输出按键错误信息 */
{
printf("\n\n\n\n\n **** Error:input has wrong!press any key to continue ***** \n");
getchar();
}
void Nofind()                            /* 输出未查找到此学生的信息 */
```

```
    {
      printf("\n=====>Not find this student!\n");
    }


void Disp(Link k)
    /* 显示单链表 k 中存储的学生记录,内容为 student 结构中定义的内容 */
    {
      Node * p;
      p=k->next;  /* k 存储的是单链表中头节点的指针,该头节点没有存储学生信息,指针域
指向的后继节点才有学生信息 */
        if(!p)  /* p==NULL,NULL 在 stdlib 中定义为 0 */
        {
          printf("\n=====>Not student record!\n");
          getchar();
          return;
        }
        printf("\n\n");
        printheader();                      /* 输出表格头部 */
        while(p)                            /* 逐条输出链表中存储的学生信息 */
        {
          printdata(p);
          p=p->next;                        /* 移动到下一个节点 */
          printf(HEADER3);
        }
        getchar();getchar();
    }
/* 输入字符串,并进行长度验证(长度<lens) */
void stringinput(char *t,int lens,char * notice)
    {
      char str[255];
      int length;
      do{
        printf(notice);                     /* 显示提示信息 */
        scanf("%s",str);                    /* 输入字符串 */
        length=strlen(str);
        if(length>lens)
          printf("\n exceed the required length!\n");
/* 进行长度校验,超过 lens 值重新输入 */
        }while(length>lens);
      strcpy(t,str);                        /* 将输入的字符串拷贝到字符串 t 中 */
    }
/* 输入分数,0<=分数<=100) */
int numberinput(char * notice)
    {
```

```
        int t=0;
        do{
          printf(notice);                          /* 显示提示信息 */
          scanf("%d",&t);                           /* 输入分数 */
          if(t>100 || t<0) printf("\n score must in [0,100]!\n");   /* 进行分数校验 */
        }while(t>100 || t<0);
        return t;
    }
    /*******************************************************************
    作用:用于定位链表中符合要求的节点,并返回指向该节点的指针;
    参数:findmess[]保存要查找的具体内容;nameornum[]保存按什么查找;
         在单链表 k 中查找;
    *******************************************************************/
    Node *Locate(Link k,char findmess[],char nameornum[])
    {
    Node *r;
    if(strcmp(nameornum,"num")==0)                   /* 按学号查询 */
    {
      r=k->next;
      while(r)
      {
      if(strcmp(r->data.num,findmess)==0)      /* 若找到 findmess 值的学号 */
      return r;
      r=r->next;
      }
    }
    else if(strcmp(nameornum,"name")==0)             /* 按姓名查询 */
    {
      r=k->next;
      while(r)
      {
        if(strcmp(r->data.name,findmess)==0)/* 若找到 findmess 值的学生姓名 */
        return r;
        r=r->next;
      }
    }
    return 0;                                        /* 若未找到,返回一个空指针 */
    }
    /* 增加学生记录 */
    void Add(Link k)
    {
    Node *p,*r,*s;                                   /* 实现添加操作的临时的结构体指针变量 */
    char ch,flag=0,num[10];
    r=k;
```

```
s=k->next;
system("cls");
Disp(k);                                    /* 先打印出已有的学生信息 */
while(r->next!=NULL)
  r=r->next;                                /* 将指针移至链表最末尾,准备添加记录 */
while(1)                                     /* 一次可输入多条记录,直至输入学号为 0
                                               的记录节点添加操作 */

{
while(1)                                     /* 输入学号,保证该学号没有被使用,若输
                                               入学号为 0,则退出添加记录操作 */
{
stringinput(num,10,"input number(press '0'return menu):");
/* 格式化输入学号并检验 */
  flag=0;
  if(strcmp(num,"0")==0)                     /* 输入为 0,则退出添加操作,返回主界面 */
    return;
  s=k->next;
  while(s)                                   /* 查询该学号是否已经存在,若存在则要求
                                               重新输入一个未被占用的学号 */

  {
    if(strcmp(s->data.num,num)==0)
    {
    flag=1;
    break;
    }
    s=s->next;
  }
if(flag==1)                                  /* 提示用户是否重新输入 */
    {getchar();
    printf("=====>The number %s is not existing,try again? (y/n):",num);
    scanf("%c",&ch);
    if(ch=='y'||ch=='Y')
      continue;
    else
      return;
    }
    else
      break;
    }
    p=(Node *)malloc(sizeof(Node));          /* 申请内存空间 */
    if(!p)
    {
    printf("\n allocate memory failure");    /* 如没有申请到,打印提示信息 */
    return ;                                 /* 返回主界面 */
```

```
        }
        strcpy(p->data.num,num);                    /* 将字符串 num 拷贝到 p->data.num 中 */
        stringinput(p->data.name,15,"Name:");
        p->data.cgrade=numberinput("C language Score[0-100]:");
        /* 输入并检验分数,分数必须在 0~100 之间 */
        p->data.mgrade=numberinput("Math Score[0-100]:");
        /* 输入并检验分数,分数必须在 0~100 之间 */
        p->data.egrade=numberinput("English Score[0-100]:");
        /* 输入并检验分数,分数必须在 0~100 之间 */
        p->data.total=p->data.egrade+p->data.cgrade+p->data.mgrade; /* 计算总分 */
        p->data.ave=(float)(p->data.total/3);       /* 计算平均分 */
        p->data.mingci=0;
        p->next=NULL;                               /* 表明这是链表的尾部节点 */
        r->next=p;                                  /* 将新建的节点加入链表尾部 */
        r=p;
        saveflag=1;
    }
    return ;
}
void Qur(Link k)                                    /* 按学号或姓名,查询学生记录 */
{
    int select;                                     /* 1:按学号查;2:按姓名查;其他:返回主界
                                                       面(菜单) */
    char searchinput[20];                           /* 保存用户输入的查询内容 */
    Node *p;
    if(!k->next)                                    /* 若链表为空 */
    {
        system("cls");
        printf("\n=====>No student record!\n");
        getchar();
        return;
    }
    system("cls");
    printf("\n  =====>1 Search by number=====>2 Search by name\n");
    printf("  please choice[1,2]:");
    scanf("%d",&select);
    if(select==1)                                   /* 按学号查询 */
    {
        stringinput(searchinput,10,"input the existing student number:");
        p=Locate(k,searchinput,"num");
/* 在 k 中查找学号为 searchinput 值的节点,并返回节点的指针 */
        if(p)                                       /* 若 Locate(p!)=NULL */
        {
            printheader();
```

```
        printdata(p);
        printf(END);
        printf("press any key to return");
        getchar();
      }
      else
        Nofind();
      getchar();
    }
  else if(select==2)                          /* 按姓名查询 */
    {
      stringinput(searchinput,15,"input the existing student name:");
      p=Locate(k,searchinput,"name");
      if(p)
        {
          printheader();
          printdata(p);
          printf(END);
          printf("press any key to return");
          getchar();
        }
      else
        Nofind();
      getchar();
    }
  else
    Wrong();
  getchar();
}


/* 删除学生记录：先找到保存该学生记录的节点，然后删除该节点 */
void Del(Link k)
{
    int sel;
    Node * p, * r;
    char findmess[20];
    if(!k->next)
    {
      system("cls");
      printf("\n=====>No student record!\n");
      getchar();
      return;
    }
    system("cls");
```

```
            Disp(k);
            printf("\n          =====>1 Delete by number\n           =====>2 Delete by name\n");
            printf("      please choice[1,2]:");
            scanf("%d",&sel);
            if(sel==1)
            {
               stringinput(findmess,10,"input the existing student number:");
               p=Locate(k,findmess,"num");
               if(p)                                      /* p!=NULL */
               {
                  r=k;
                  while(r->next!=p)
                     r=r->next;
                  r->next=p->next;             /* 将 p 所指节点从链表中删除 */
                  free(p);                     /* 释放内存空间 */
                  printf("\n=====>delete success!\n");
                  getchar();
                  saveflag=1;
               }
               else
                  Nofind();
               getchar();
            }
            else if(sel==2)                            /* 先按姓名查询到该记录所在的节点 */
            {
               stringinput(findmess,15,"input the existing student name");
               p=Locate(k,findmess,"name");
               if(p)
               {
                  r=k;
                  while(r->next!=p)
                     r=r->next;
                  r->next=p->next;
                  free(p);
                  printf("\n=====>delete success!\n");
                  getchar();
                  saveflag=1;
               }
               else
                  Nofind();
               getchar();
            }
            else
               Wrong();
```

```
        getchar();
    }

    /* 修改学生记录。先按输入的学号查询到该记录,然后提示用户修改学号之外的值,但学号
不能修改 */
    void Modify(Link k)
    {
      Node * p;
      char findmess[20];
      if(!k->next)
      {
        system("cls");
        printf("\n=====>No student record!\n");
        getchar();
        return;
      }
      system("cls");
      printf("modify student recorder");
      Disp(k);
      stringinput(findmess,10,"input the existing student number:");
/* 输入并检验该学号 */
      p=Locate(k,findmess,"num");          /* 查询到该节点 */
      if(p)                                /* 若 p!=NULL,表明已经找到该节点 */
      {
        printf("Number:%s,\n",p->data.num);
        printf("Name:%s,",p->data.name);
        stringinput(p->data.name,15,"input new name:");
        printf("C language score:%d,",p->data.cgrade);
        p->data.cgrade=numberinput("C language Score[0-100]:");
        printf("Math score:%d,",p->data.mgrade);
        p->data.mgrade=numberinput("Math Score[0-100]:");
        printf("English score:%d,",p->data.egrade);
        p->data.egrade=numberinput("English Score[0-100]:");
        p->data.total=p->data.egrade+p->data.cgrade+p->data.mgrade;
        p->data.ave= (float)(p->data.total/3);
        p->data.mingci=0;
        printf("\n=====>modify success!\n");
        Disp(k);
        saveflag=1;
      }
      else
        Nofind();
      getchar();
```

```
}
/* 插入记录:按学号查询到要插入的节点的位置,然后在该学号之后插入一个新节点 */
void Insert(Link k)
{
    Link p,q,newinfo;                        /* p 指向插入位置,newinfo 指向新插入记录 */
    char ch,num[10],s[10];
/* s[]保存插入点位置之前的学号,num[]保存输入的新记录的学号 */
    int flag=0;
    q=k->next;
    system("cls");
    Disp(k);
    while(1)
    {
        stringinput(s,10,"please input insert location after the Number:");
        flag=0;
        q=k->next;
        while(k)                             /* 查询该学号是否存在,flag=1 表示该学
                                               号存在 */
        {
            if(strcmp(q->data.num,s)==0)
            {
                flag=1;
                break;
            }
            q=k->next;
        }
        if(flag==1)
        break;                               /* 若学号存在,则进行插入之前的新记录的
                                               输入操作 */
        else
        {
            getchar();
            printf("\n=====>The number %s is not existing,try again? (y/n):",s);
            scanf("%c",&ch);
            if(ch=='y'||ch=='Y')
                continue;
            else
                return;
        }
    }
/* 以下新记录的输入操作与 Add()相同 */
    stringinput(num,10,"input new student Number:");
    k=k->next;
    while(q)
```

```
        {
            if(strcmp(q->data.num,num)==0)
            {
              printf("=====>Sorry,the new number:'%s' is existing !\n",num);
              printheader();
              printdata(q);
              printf("\n");
              getchar();
              return;
            }
            q=q->next;
        }
        newinfo=(Node *)malloc(sizeof(Node));
        if(!newinfo)
        {
          printf("\n allocate memory failure");   /* 如没有申请到,打印提示信息 */
          return ;                                 /* 返回主界面 */
        }
        strcpy(newinfo->data.num,num);
        stringinput(newinfo->data.name,15,"Name:");
        newinfo->data.cgrade=numberinput("C language Score[0-100]:");
        newinfo->data.mgrade=numberinput("Math Score[0-100]:");
        newinfo->data.egrade=numberinput("English Score[0-100]:");

    newinfo->data.total=newinfo->data.egrade+newinfo->data.cgrade+newinfo->data.mgrade;
        newinfo->data.ave=(float)(newinfo->data.total/3);
        newinfo->data.mingci=0;
        newinfo->next=NULL;
        saveflag=1;                                /* 在 main()中有对该全局变量的判断,若
                                                      为 1,则进行存盘操作 */
        /* 将指针赋值给 p,因为 k 中的头节点的下一个节点才实际保存着学生的记录 */
        p=k->next;
        while(1)
        {
          if(strcmp(p->data.num,s)==0)             /* 在链表中插入一个节点 */
          {
            newinfo->next=p->next;
            p->next=newinfo;
            break;
          }
          p=p->next;
        }
        Disp(k);
```

```
    printf("\n\n");
    getchar();
}


/* 统计该班的总分第一名和单科第一名,以及各科不及格的人数 */
void Tongji(Link k)
{
  Node *pm,*pe,*pc,*pt;                  /* 用于指向分数最高的节点 */
  Node *p=k->next;
  int countc=0,countm=0,counte=0;        /* 保存三门成绩中不及格的人数 */
  if(!p)
  {
    system("cls");
    printf("\n=====>Not student record!\n");
    getchar();
    return ;
  }
  system("cls");
  Disp(k);
  pm=pe=pc=pt=p;
  while(p)
  {
    if(p->data.cgrade<60)
      countc++;
    if(p->data.mgrade<60)
      countm++;
    if(p->data.egrade<60)
      counte++;
    if(p->data.cgrade>=pc->data.cgrade)
      pc=p;
    if(p->data.mgrade>=pm->data.mgrade)
      pm=p;
    if(p->data.egrade>=pe->data.egrade)
      pe=p;
    if(p->data.total>=pt->data.total)
      pt=p;
    p=p->next;
  }
  printf("\n----------------the TongJi result--------------\n");
  printf("C Language<60:%d (ren)\n",countc);
  printf("Math      <60:%d (ren)\n",countm);
  printf("English   <60:%d (ren)\n",counte);
  printf("-----------------------------------------------------\n");
  printf("The highest student by total scroe name:%s totoal score:%d\n",
```

```
  pt->data.name,pt->data.total);
  printf("The highest student by English score name:%s totoal score:%d\n",
pe->data.name,pe->data.egrade);
  printf("The highest student by Math score name:%s totoal score:%d\n",
pm->data.name,pm->data.mgrade);
  printf("The highest student by C score name:%s totoal score:%d\n",
pc->data.name,pc->data.cgrade);
  printf("\n\npress any key to return");
  getchar();
}
/* 利用插入排序法实现单链表的按总分字段的降序排序,从高到低 */
void Sort(Link k)
{
  Link kk;
  Node *p, *rr, *s;
  int i=0;
  if(k->next==NULL)
  {
    system("cls");
    printf("\n=====>Not student record!\n");
    getchar();
    return ;
  }
  kk=(Node *)malloc(sizeof(Node));          /* 用于创建新的节点 */
  if(!kk)
  {
    printf("\n allocate memory failure ");  /* 如没有申请到,打印提示信息 */
    return;                                 /* 返回主界面 */
  }
  kk->next=NULL;
  system("cls");
  Disp(k);                                  /* 显示排序前的所有学生记录 */
  p=k->next;
  while(p)                                  /* p!=NULL */
  {
    s=(Node *)malloc(sizeof(Node));         /* 新建节点用于保存从原链表中取出的节
                                               点信息 */
    if(!s)                                  /* s==NULL */
    {
    printf("\n allocate memory failure ");  /* 如没有申请到,打印提示信息 */
      return;                               /* 返回主界面 */
    }
    s->data=p->data;                        /* 填数据域 */
    s->next=NULL;                           /* 指针域为空 */
```

```
        rr=kk;
        /* rr 链表是存储插入单个节点后保持排序的链表,kk 是这个链表的头指针,每次从头
           开始查找插入位置 */
        while(rr->next!=NULL && rr->next->data.total>=p->data.total)
        {
          rr=rr->next;}                          /* 指针移至总分比 p 所指的节点的总分小
                                                    的节点位置 */
        if(rr->next==NULL)                        /* 若新链表 kk 中的所有节点的总分值都比
                                                    p->data.total 大,就将 p 所指节点加入
                                                    链表尾部 */
          rr->next=s;
        else                                      /* 否则,将该节点插入至第一个总分字段比
                                                    它小的节点的前面 */
        {
          s->next=rr->next;
          rr->next=s;
        }
        p=p->next;                                /* 原链表中的指针下移一个节点 */
      }
      k->next=kk->next;  /* kk 中存储的是已排序的链表的头指针 */
      p=k->next;                                  /* 已排好序的头指针赋给 p,准备填写名次 */
      while(p!=NULL)                              /* 当 p 不为空时,进行下列操作 */
      {
        i++;                                      /* 节点序号 */
        p->data.mingci=i;                         /* 将名次赋值 */
        p=p->next;                                /* 指针后移 */
      }
      Disp(k);
      saveflag=1;
      printf("\n=====>sort complete!\n");
}

/* 数据存盘,若用户没有专门进行此操作且对数据有修改,则在退出系统时,会提示用户存盘 */
void Save(Link k)
{
  FILE *fp;
  Node *p;
  int count=0;
  fp=fopen("c:\\student","wb");                   /* 以只写方式打开二进制文件 */
  if(fp==NULL)                                    /* 打开文件失败 */
  {
    printf("\n=====>open file error!\n");
    getchar();
    return ;
```

```
    }
    p=k->next;
    while(p)
    {
    if(fwrite(p,sizeof(Node),1,fp)==1)      /* 每次写一条记录或一个节点信息至文件
                                               中 */
      {
        p=p->next;
        count++;
      }
    else
      break;
    }
    if(count>0)
    {
      getchar();
      printf("\n\n\n\n\n=====>save file complete,total saved's record number
is:%d\n",count);
      getchar();
      saveflag=0;
    }
    else
    {
      system("cls");
      printf("the current link is empty,no student record is saved!\n");
      getchar();
    }
    fclose(fp);                            /* 关闭此文件 */
  }


  void main()
  {
    Link k;                      /* 定义链表 */
    FILE *fp;                    /* 文件指针 */
    int select;                  /* 保存选择结果变量 */
    char ch;                     /* 保存(y,Y,n,N) */
    int count=0;                 /* 保存文件中的记录条数(或节点个数) */
    Node *p,*r;                  /* 定义记录指针变量 */
    k=(Node *)malloc(sizeof(Node));
    if(!k)
    {
      printf("\n allocate memory failure ");    /* 如没有申请到,打印提示信息 */
      return ;                                  /* 返回主界面 */
    }
```

```
    k->next=NULL;
    r=k;
    fp=fopen("C:\\student","ab+");
/* 以追加方式打开一个二进制文件,可读可写,若此文件不存在,会创建此文件 */
    if(fp==NULL)
    {
      printf("\n=====>can not open file!\n");
      exit(0);
    }
    while(!feof(fp))
    {
      p=(Node *)malloc(sizeof(Node));
      if(!p)
      {
        printf("memory malloc failure!\n");   /* 没有申请成功 */
        exit(0);                              /* 退出 */
      }
      if(fread(p,sizeof(Node),1,fp)==1)       /* 一次从文件中读取一条学生成绩记录 */
      {
        p->next=NULL;
        r->next=p;
        r=p;                                  /* r 指针向后移一个位置 */
        count++;
      }
    }
    fclose(fp);                               /* 关闭文件 */
    printf("\n=====>open file sucess,the total records number is : %d.\n",count);
    menu();
    while(1)
    {
      system("cls");
      menu();
      p=r;
    printf("\n Please Enter your choice(0~9):"); /* 显示提示信息 */
      scanf("%d",&select);
      if(select==0)
      {
        if(saveflag==1)                       /* 若对链表的数据有修改且未进行存盘操
                                                 作,则此标志为 1*/
        {
          getchar();
          printf("\n=====>Whether save the modified record to file? (y/n):");
          scanf("%c",&ch);
          if(ch=='y'||ch=='Y')
```

```
            Save(k);
          }
        printf("=====>thank you for useness!");
        getchar();
        break;
      }
    switch(select)
    {
    case 1:Add(k);break;                    /* 增加学生记录 */
    case 2:Del(k);break;                    /* 删除学生记录 */
    case 3:Qur(k);break;                    /* 查询学生记录 */
    case 4:Modify(k);break;                 /* 修改学生记录 */
    case 5:Insert(k);break;                 /* 插入学生记录 */
    case 6:Tongji(k);break;                 /* 统计学生记录 */
    case 7:Sort(k);break;                   /* 排序学生记录 */
    case 8:Save(k);break;                   /* 保存学生记录 */
    case 9:system("cls");Disp(k);break;     /* 显示学生记录 */
    default: Wrong();getchar();break;       /* 按键有误,必须为数值0~9*/
      }
    }
  }
```

【运行结果】

1) 主界面

当运行程序后,其主界面如图 13.3 所示。此时系统已将 C:\student 文件打开,若文件不为空,则将数据从文件中逐条读出,写入数组中。用户可以选择 0~9 之间的数值,调用相应的功能。当输入 0 时,退出管理系统。

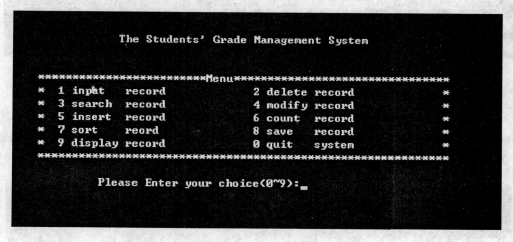

图 13.3

2) 输入记录

当用户输入 1 并按回车键后,进入数据输入界面,如图 13.4 所示。

```
=====>Not student record!
input number(press '0'return menu):201001
Name:zhangping
C language Score[0-100]:97
Math Score[0-100]:96
English Score[0-100]:95
input number(press '0'return menu):201002
Name:chaoshen
C language Score[0-100]:86
Math Score[0-100]:92
English Score[0-100]:82
input number(press '0'return menu):201003
Name:jiangchi
C language Score[0-100]:91
Math Score[0-100]:86
English Score[0-100]:88
input number(press '0'return menu):0_
```

图 13.4

3）显示记录

当用户完成了输入记录或已经完成从数据文件中选取了记录后，即可输入 9 并按回车键，查看数组中的记录情况，如图 13.5 所示。

```
------------------------------STUDENT---------------------------------------
|     number     |        name         |Comp|Math|Eng |   sum    |  ave   |mici |
|----------------|---------------------|----|----|----|----------|--------|-----|
|     201001     |zhangping            | 95 | 96 | 97 | 288      | 96.00  |  0  |
|----------------|---------------------|----|----|----|----------|--------|-----|
|     201002     |chaoshen             | 82 | 92 | 86 | 260      | 86.00  |  0  |
|----------------|---------------------|----|----|----|----------|--------|-----|
|     201003     |jiangchi             | 88 | 86 | 91 | 265      | 88.00  |  0  |
|----------------|---------------------|----|----|----|----------|--------|-----|
```

图 13.5

4）删除记录

当用户输入 2 并按回车键，进入数据删除界面，如图 13.6 所示。这里删除了一条编号为 201002 的记录。

```
        =====>1 Delete by number
      =====>2 Delete by name
       please choice[1,2]:1
input the existing student number:201002

=====>delete success!
```

图 13.6

【任务 13.1】读者运行源程序,完成"查找记录、修改记录、插入记录、统计记录、排序记录、保存记录"操作。

13.4　课程设计

课程设计是学习 C 语言程序设计的一个重要环节。其目的在于培养读者综合应用理论知识来分析和解决实际问题的能力。

通过课程设计,读者能够遵循软件开发过程的基本规范,应用结构化程序设计的方法,独立完成设计任务;更加深刻地理解和掌握 C 语言的基本概念、语言特点和编程技巧,为将来用 VC、Java 进行软件开发打下良好基础。

【任务 13.2】超市商品管理系统。

某超市销售的商品有食品、蔬菜、水果和家电等几类,每类商品包含若干个品种,每个品种的基本属性有商品编号、商品名称、进货单价、库存数量、销售单价等。售出商品有商品名称、单价、数量、金额,以及该顾客的实收金额、应收金额、找零等。

(1)设计简单的菜单界面,实现库存添加、库存查询、商品销售功能。

(2)库存添加功能,若是新商品,则要从键盘输入商品编号、名称、进货单价、销售单价等;若是已有商品,则只需从键盘输入商品编号、进货数量。

(3)库存查询功能,要求选择商品类别、按商品编号或商品名称进行库存查询,并显示查询结果。

(4)商品销售功能,要求选择商品类别,并输入各种商品的编号、购买数量,然后显示出顾客所购买的商品清单,包括商品名称、单价、数量、金额和应收总金额,最后输入实收金额,并计算出找零等,同时要修改库存数量、打印出销售清单。此外,当实收金额少于应收总金额时,此次销售不成功,可根据用户的要求进行修改或放弃。

【任务 13.3】图书信息管理系统。

图书信息包括:书名、作者名、分类号、出版单位、出版时间、价格等。

(1)图书信息录入功能(图书信息用文件保存)——输入。

(2)图书信息浏览功能——输出。

(3)查询和排序功能(按书名查询、按作者名查询)。

(4)图书信息的删除与修改。

(5)排序功能。

【任务 13.4】学生选课系统。

(1)系统中的每条记录含课程编号、课程名称、课程性质、总学时、授课学时、实验或上机学时、学分等信息。

(2)具有主菜单,进入选课系统需输入学号,若已选过则记录以前的选课信息。

(3)具有学生选课系统日常功能:选课、显示已选课、删除已选课和快速查找选课、统计学生选课数等。

(4)可以将已选课保存为磁盘文件和从磁盘文件中读取已选课的信息。

附录 1 常用字符与 ASCII 代码对照表

ASCII 值	控制字符	ASCII 值	字符	ASCII 值	字符	ASCII 值	字符
000	NUL	032	空格	064	@	096	`
001	SOH	033	!	065	A	097	a
002	STX	034	"	066	B	098	b
003	ETX	035	#	067	C	099	c
004	EOT	036	$	068	D	100	d
005	ENQ	037	%	069	E	101	e
006	ACK	038	&	070	F	102	f
007	BEL	039	'	071	G	103	g
008	BS	040	(	072	H	104	h
009	HT	041	)	073	I	105	i
010	LF	042	*	074	J	106	j
011	VT	043	+	075	K	107	k
012	FF	044	,	076	L	108	l
013	CR	045	—	077	M	109	m
014	SO	046	.	078	N	110	n
015	SI	047	/	079	O	111	o
016	DLE	048	0	080	P	112	p
017	DC1	049	1	081	Q	113	q
018	DC2	050	2	082	R	114	r
019	DC3	051	3	083	S	115	s
020	DC4	052	4	084	T	116	t
021	NAK	053	5	085	U	117	u
022	SYN	054	6	086	V	118	v
023	ETB	055	7	087	W	119	w
024	CAN	056	8	088	X	120	x
025	EM	057	9	089	Y	121	y
026	SUB	058	:	090	Z	122	z
027	ESC	059	;	091	[	123	{
028	FS	060	<	092	\	124		
029	GS	061	=	093	]	125	}
030	RS	062	>	094	ˆ	126	~
031	US	063	?	095	_	127	DEL

附录2 C语言中的关键字

32 个关键字（由系统定义，不能重作其他定义）：

auto	break	case	char	const
continue	default	do	double	else
enum	extern	float	for	goto
if	int	long	register	return
short	signed	sizeof	static	struct
switch	typedef	unsigned	union	void
volatile	while			

【注意】 C 语言的关键字都使用小写字母。

附录3 运算符和结合性汇总表

优先级	运算符	含　义	要求运算对象的个数	结合方向
1	( )	圆括号		自左至右
	[ ]	下标运算符		
	->	指向结构体成员运算符		
	.	结构体成员运算符		
2	!	逻辑非运算符	（单目运算）	自右至左
	~	按位取反运算符		
	++	自增运算符		
	--	自减运算符		
	+	正号运算符		
	-	负号运算符		
	(类型)	类型转换运算符		
	*	指针运算符		
	&	取地址运算符		
	sizeof	长度运算符		
3	*	乘法运算符	（双目运算符）	自左至右
	/	除法运算符		
	%	取余运算符		
4	+	加法运算符	（双目运算符）	自左至右
	-	减法运算符		
5	<<	左移运算符	（双目运算符）	自左至右
	>>	右移运算符		
6	<、<=、>、>=	关系运算符	（双目运算符）	自左至右
7	==	等于运算符	（双目运算符）	自左至右
	!=	不等于运算符	（双目运算符）	自左至右
8	&	按位与运算符	（双目运算符）	自左至右
9	^	按位异或运算符	（双目运算符）	自左至右
10	|	按位或运算符	（双目运算符）	自左至右
11	&&	逻辑与运算符	（双目运算符）	自左至右
12	||	逻辑或运算符	（双目运算符）	自左至右
13	? :	条件运算符	（三目运算符）	自右至左
14	=、+=、-=、*=、/=、%=、&=、^=、|=、<<=、>>=	赋值运算符	（双目运算符）	自右至左
15	,	逗号运算符		自左至右

附录4　C语言常用的库函数

库函数并不是C语言的一部分,而是由编译程序根据一般用户的需要编制并提供用户使用的一组程序,设计程序时可以直接使用它们。每一种C编译系统都提供了一批库函数,不同编译系统所提供的库函数的数目和函数名以及函数功能不完全相同。

库函数主要包括数学函数、字符处理函数、类型转换函数、文件管理函数及内存管理函数等几类。

1) 常用数学函数

常用数学函数的原型在 math.h 中。

函数名	函 数 原 型	功　　能	返回值
abs	int abs(int i);	求整数 i 的绝对值	计算结果
labs	long labs(long n);	求长整型数 n 的绝对值	计算结果
fabs	double fabs(double x);	求实数的绝对值	计算结果
floor	double floor(double x);	求不大于 x 的最大整数	计算结果
ceil	double ceil(double x);	求不小于 x 的最小整数	计算结果
sqrt	double sqrt(double x);	求 x 的平方根	计算结果
exp	double exp(double x);	求欧拉常数 e 的 x 次方	计算结果
pow10	double pow10(int p);	求 10 的 p 次方	计算结果
sin	double sin(double x);	正弦函数	计算结果
cos	double cos(double x);	余弦函数	计算结果
tan	double tan(double x);	正切函数	计算结果
asin	double asin(double x) ;	x 的反正弦函数值 $\sin^{-1}x$	计算结果
acos	double acos(double x) ;	x 的反余弦函数值 $\cos^{-1}x$	计算结果
atan	double atan(double x) ;	x 的反正切函数值 $\tan^{-1}x$	计算结果
atan2	double atan2(double y, double x);	y/x 的反正切函数值 $\tan^{-1}(y/x)$	计算结果
sinh	double sinh(double x);	x 的双曲正弦函数值	计算结果
cosh	double cosh(double x);	x 的双曲余弦函数值	计算结果
tanh	double tanh(double x) ;	x 的双曲正切函数值	计算结果
exp	double exp(double x) ;	x 的指数函数 e^x	计算结果
log	double log(double x) ;	x 的自然对数 ln(x)	计算结果
log10	double log10(double x) ;	x 底数为 10 的对数	计算结果
pow	double pow(double x, double y) ;	x 的 y 次方;即 x^y 的值	计算结果
fmod	double fmod(double x, double y)	x/y 的浮点数余数	计算结果

2）字符测试函数

字符测试函数原型在 ctype.h 中。

函数名	函数原型	功　能	返　回　值
isalnum	int isalnum(int c)	测试字符 c 是否为英文字母或数字	是字母或者数字，返回 1；否则返回 0
isalpha	int isalpha(int c)	测试字符是否为英文字母	是字母，返回 1；否则返回 0
isdigit	int isdigit(int c);	测试字符是否为阿拉伯数字	是数字，返回 1；否则返回 0
isxdigit	int isxdigit(int c);	测试字符是否为十六进制数字	是，返回 1；否则返回 0
isspace	int isspace(int c);	测试字符是否为空格字符、跳格符（制表位）或换行符	是，返回 1；否则返回 0
isascii	int isascii(int c);	测试字符是否为 ASCII 码	是，返回 1；否则返回 0
iscntrl	int iscntrl(int c);	测试字符是否为控制字符（其 ASCII 码在 0～0X1F）	是，返回 1；否则返回 0
ispunct	int ispunct(int c);	测试字符是否为标点符号或特殊字符	是，返回 1；否则返回 0
isprint	int isprint(int c);	测试字符是否为可打印字符	是，返回 1；否则返回 0
islower	int islower(int c);	测试字符是否为小写英文字母	是小写字母，返回 1；否则返回 0
isupper	int isupper(int c)	测试字符是否为大写英文字母	是大写字母，返回 1；否则返回 0

3）字符串转换函数

字符串转换函数原型在 stdlib.h 或 ctype.h 中。

函数名	函数原型	功　能	返　回　值
atof	double atof(const char *nptr);	字符串转换成浮点数	返回转换后的浮点数
atoi	int atoi(const char *nptr);	字符串转换成整型数	返回转换后的整型数
atol	long atol(const char *nptr);	字符串转换成长整型数	返回转换后的长整型数
gcvt	char *gcvt(double number,size_t ndigits,char *buf);	浮点数转换为字符串，取四舍五入	返回一字符串指针
strtod	double strtod(const char *nptr, char * *endptr);	字符串转换成浮点数	返回转换后的浮点数
strtol	long int strtol(const char *nptr, char * *endptr,int base);	字符串转换成长整型数	返回转换后的长整型数
strtoul	unsigned long int strtoul(const char *nptr,char * *endptr,int base);	字符串转换成无符号长整型数	返回转换后的长整型数
toascii	int toascii(int c);	整型数转换成合法的 ASCII 码字符	将转换成功的 ASCII 码字符值返回
tolower	int tolower(int c);	ch 字符转换成小写字母	返回 ch 对应的小写字母
toupper	int toupper(int c);	ch 字符转换成大写字母	返回 ch 对应的大写字母

4）输入/输出函数

输入/输出函数原型在 unistd. h 中。

函数名	函 数 原 型	功　　能	返 回 值
getc	int getc(FILE *fp)	从文件中读入一个字符	返回读取到的字符
getchar	int getchar(void)	从标准输入设备读取一个字符	返回读到的字符
gets	char *gets(char *str)	从标准输入设备读取字符串	返回 str 指针
putc	int putc(int ch,FILE *fp)	把字符 ch 写到文件 fp 所指的文件中去	返回写入成功的字符,即参数 ch
puts	int puts(char *str)	把字符串 str 输出到标准输出设备	返回换行符
putchar	int putchar(int ch)	将指定的字符 ch 输出到标准输出设备	返回写入成功的字符,即参数 ch
scanf	int scanf(char *format,args,…)	从标准输入设备中获取参数值,format 为指定的参数格式及参数类型	
printf	int printf(char *format,args,…)	将格式化字符串输出到标准输出设备	
fgets	char *fgets(char *str,int num, FILE *fp)	由文件中读取一个字符串	成功则返回 str 指针
fputs	int fputs(char *str,FILE *fp)	将一指定的字符串写入文件	若成功,则返回 0
fgetc	int fgetc(FILE *fp)	从 fp 的当前位置读取一个字符	返回读取到的字符
fputc	int fputc(int ch, file *fp)	将字符 ch 写入 fp 指向文件中	若成功,则返回 0
fscanf	int fscanf(FILE *fp,char *format,args...)	按照指定格式从文件中读出数据,并赋值到参数列表中	
fprintf	int fprintf(FILE *fp,char *format,args...)	将格式化数据写入流式文件中	
fopen	FILE *fopen(char *filename,char *type);	打开文件	成功,返回一文件指针
fclose	int fclose(FILE *fp);	关闭一个由 fopen()函数打开的文件	有错,则返回非零值;否则返回 0
fseek	int fseek(FILE *fp,long offset, int base);	将 fp 所指的文件位置指针移到以 base 所指出的位置为基准、以 offset 为位移量的位置	返回当前位置,否则返回 −1
fread	int fread(char *buf, int size, int n, FILE *fp);	从 fp 所指的文件中读取长度为 size 的 n 个数据项,存到 buf 所指向的内存区	返回所读的数据项个数,如遇文件结束或出错,则返回 0

续表

函数名	函 数 原 型	功　　能	返 回 值
fwrite	int fwrite(char *buf, int size, int n, FILE *fp);	把 buf 所指向的 n*size 个字节输出到 fp 所指的文件中去	写到 fp 文件中的数据项的个数
ftell	long ftell(FILE *fp);	返回 fp 所指向的文件中的读/写位置	
feof	int feof(FILE *fp);	检测文件是否结束	遇文件结束符返回非零值,否则返回 0
rewind	int rewind(FILE *fp);	把文件位置指示器移到文件的起点处	

5）内存控制函数

内存控制函数原型在 stdlib. h 中。

函数名	函 数 原 型	功　　能	返 回 值
calloc	void *calloc(unsigned n, unsign size);	分配 n 个数据项的内存连续空间,每个数据项的大小为 size	配置成功,则返回一指针;失败,则返回 NULL
free	void free(void *p);	释放 p 所指的内存区	无
malloc	void * malloc (unsigned size);	分配 size 字节的存储区	配置成功,则返回一指针;失败,则返回 NULL
realloc	void *realloc (void *p, unsigned size);	将 p 所指出的已分配内存区的大小改为 size,size 可以比原来分配的空间大或小	返回指向该内存区的指针

附录5　学习 C 语言容易出现的错误

C 语言的最大特点是:功能强,使用方便灵活。C 编译的程序对语法检查并不像其他高级语言那么严格,这就给编程人员留下"灵活的余地",但这个灵活给程序的调试带来了许多不便,尤其对初学 C 语言的人更是如此。

(1)书写标识符时,忽略了大小写字母的区别。

```
void main()
{
  int a=5;
  printf("%d",A);
}
```

编译程序把 a 和 A 认为是两个不同的变量名,而显示出错信息。C 编译程序认为大写字母和小写字母是两个不同的字符。习惯上,符号常量名用大写,变量名用小写表示,以增加可读性。

(2)忽略了变量的类型,进行了不合法的运算。

```
void main()
{
  float a,b;
  printf("%d",a%b);
}
```

%是求余运算,得到 a/b 的整余数。整型变量 a 和 b 可以进行求余运算,而实型变量则不允许进行"求余"运算。

(3)将字符常量与字符串常量混淆。

```
char c;
c="a";
```

这里就混淆了字符常量与字符串常量,字符常量是由一对单引号括起来的单个字符,字符串常量是一对双引号括起来的字符序列。C 语言规定以"\0"作字符串结束标志,它是由系统自动加上的,所以字符串"a"实际上包含两个字符:"a"和"\0",把它赋给一个字符变量是不行的。

(4)忽略了"="与"=="的区别。

在 C 语言中,"="是赋值运算符,"=="是关系运算符。例如:

```
if (a==3) a=b;
```

前者是进行比较,a 是否和 3 相等,后者表示如果 a 和 3 相等,把 b 值赋给 a。由于习惯问题,初学者往往会犯这样的错误。在比较的时候用＝ 代替＝＝。例如:

```
if (x=y)
  z=x+5;
```

(5)忘记加分号。

分号是 C 语句中不可缺少的一部分,语句末尾必须有分号。例如:

```
a=1
b=2
```

编译时,编译程序在"a=1"后面没发现分号,就把下一行"b=2"也作为上一行语句的一部分,这就会出现语法错误。改错时,有时在被指出有错的一行中未发现错误,就需要看上一行是否漏掉了分号。

(6)多加分号。

例如:

```
{
z=x+y;
t=z/100;
printf("%f",t);
};
```

复合语句的花括号后不应加分号,否则将会画蛇添足。

又如:

```
if (a%3==0);
i++;
```

本是如果 3 整除 a,则 i 加 1。但由于 if (a%3==0)后多加了分号,则 if 语句到此结束,程序将执行 i++语句,不论 3 是否整除 a,i 都将自动加 1。

再如:

```
for (i=0;i<5;i++);
{
  scanf("%d",&x);
  printf("%d",x);
}
```

本意是先后输入 5 个数,每输入一个数后再将它输出。由于 for()后多加了一个分号,使循环体变为空语句,此时只能输入一个数并输出它。

(7)输入变量时忘记加地址运算符"&"。

例如:

```
int a,b;
scanf("%d%d",a,b);
```

是不合法的。scanf 函数的作用是:按照 a、b 在内存的地址将 a、b 的值存进去。"&a"指 a 在内存中的地址,"&b"指 b 在内存中的地址。

(8)输入数据的方式与要求不符。

① scanf("%d%d",&a,&b);

输入时,不能用逗号作两个数据间的分隔符,例如:

3,4

是不合法的。输入数据时,在两个数据之间以一个或多个空格间隔,也可用回车键、跳格键 tab 来分隔。

② scanf("%d,%d",&a,&b);

C 语言规定:如果在"格式控制"字符串中除了格式说明以外还有其他字符,则在输入数据时应输入与这些字符相同的字符。下面输入是合法的：

　　3,4

此时不用逗号而用空格或其他字符是不对的。

　　又如：

　　scanf("a=%d,b=%d",&a,&b);

输入应如以下形式：

　　a=3,b=4

　　(9)输入字符的格式与要求不一致。

　　在用"%c"格式输入字符时，"空格字符"和"转义字符"都作为有效字符输入。

　　scanf("%c%c%c",&c1,&c2,&c3);

如输入 a□b□c（"□"代表空格）

　　字符"a"送给 c1,字符""送给 c2,字符"b"送给 c3,因为%c 只要求读入一个字符,后面不需要用空格作为两个字符的间隔。

　　(10)输入/输出的数据类型与所用格式说明符不一致。

　　例如,a 已定义为整型,b 定义为实型。

　　a=3;b=4.5;

　　printf("%f%d\n",a,b);

编译时不给出出错信息,但运行结果将与原意不符。

　　(11)输入数据时,企图规定精度。

　　例如：

　　scanf("%7.2f",&a);

是不合法的,因为输入数据时不能规定精度。

　　(12)switch 语句中漏写 break 语句。

　　例如：根据考试成绩的等级打印出百分制数段。

```
switch(grade)
{
    case 'A':printf("85~100\n");
    case 'B':printf("70~84\n");
    case 'C':printf("60~69\n");
    case 'D':printf("<60\n");
    default:printf("error\n");
}
```

　　由于漏写了 break 语句,case 只起标号的作用,而不起判断作用。因此,当 grade 值为 A 时,printf 函数在执行完第一个语句后接着执行第二、三、四、五个 printf 函数语句。正确写法应在每个分支后再加上"break;"。例如：

　　case 'A':printf("85~100\n");break;

　　(13)忽视了 while 和 do-while 语句在细节上的区别。

【源程序 1】

```
void main()
{
    int a=0,i;
```

```
        scanf("%d",&i);
        while(i<=10)
        {
          a=a+i;
          i++;
        }
        printf("%d",a);
    }
```

【源程序 2】

```
    void main()
    {
      int a=0,i;
      scanf("%d",&i);
      do
      {
        a=a+i;
        i++;
      }while(i<=10);
      printf("%d",a);
    }
```

可以看到,当输入 i 的值小于或等于 10 时,二者得到的结果相同。而当 i＞10 时,二者结果就不同了。因为 while 循环是先判断后执行,而 do-while 循环是先执行后判断。对于大于 10 的数,while 循环一次也不执行循环体,而 do-while 语句则要执行一次循环体。

(14)定义数组时误用变量。

```
    int n;
    scanf("%d",&n);
    int a[n];
```

数组名后用方括号括起来的是常量表达式,可以包括常量和符号常量。即 C 语言不允许对数组的大小作动态定义。

(15)在定义数组时,将定义的“元素个数”误认为是可使用的最大下标值。

```
    void main()
    {
      static int a[10]={1,2,3,4,5,6,7,8,9,10};
      printf("%d",a[10]);
    }
```

C 语言规定:定义时用 a[10],表示 a 数组有 10 个元素。其下标值由 0 开始,所以数组元素 a[10]是不存在的。

(16)在不应加地址运算符 & 的位置加了地址运算符。

```
    char str [10]
    scanf("%s",&str);
```

C 语言编译系统对数组名的处理是:数组名代表该数组的起始地址,且 scanf 函数中的输入项是字符数组名,不必要再加地址符 &。因此,程序中的第 2 句应改为:scanf("%s",str);。

（17）不注意程序的格式。

例如：

```
if (a>0)
  if (x==y) {
    ...
    };
  else {
    ...
  }
```

（18）不关心 scanf 或者 printf 中格式串和对应参数类型匹配的问题。例如（假设 x，y 是 double 类型，n 是 int 类型）：

```
printf("%d, %f", x, n);
scanf("%d %f %f", &x, &y, &n);
```

（19）写注释时忘记了注释的结束符号

例如：

```
x=y+1; /* ha ha ha
z=x*2; /* fine fine fine
```

（20）定义局部变量后，不初始化就使用

例如：

```
int fun(int n)
{
  int m;
  return n+m;
}
```

（21）不写函数原型说明。

参 考 文 献

[1] 谭浩强.C程序设计(第三版)[M].北京:清华大学出版社,2005.

[2] 谭浩强.C语言程序设计[M].北京:清华大学出版社,2000.

[3] 武爱平等.C语言程序设计[M].吉林:吉林大学出版社,2010.

[4] 王明福.C语言程序设计教程[M].北京:高等教育出版社,2004.

[5] 李勤.程序设计技术(C语言)[M].北京:高等教育出版社,2006.

[6] 林小茶.C语言程序设计[M].北京:中国铁道出版社,2005.

[7] 周屹等.C语言程序设计与实训[M].北京:机械工业出版社,2008.

[8] 赵克林.C语言实例教程[M].北京:人民邮电出版社,2007.

[9] 文东等.C语言程序设计基础与项目实训[M].北京:北京科海电子出版社,2009.

[10] 刘智.C语言程序设计上机实训与习题集[M].北京:地质出版社,2006.

[11] 刘莹.C语言程序设计[M].北京:机械工业出版社,2009.

[12] 谭浩强.C程序设计试题汇编[M].北京:清华大学出版社,2001.

[13] 徐新华.C语言程序设计教程[M].北京:中国水利水电出版社,2005.

[14] 伍一等.C语言程序设计基础与实训教程[M].北京:清华大学出版社,2005.

[15] 刘加海等.C语言程序设计[M].北京:科学出版社,2010.

[16] 姜灵芝等.C语言课程设计案例精编[M].北京:清华大学出版社,2008.

[17] 刘振安.C语言程序设计实训[M].北京:清华大学出版社,2002.

[18] 罗坚等.C语言程序设计学习指导与实验教程[M].北京:中国铁道出版社,2004.